宋代建筑

中国传统建筑
营造技艺丛书
（第二辑）

刘 托 主编

宋代建筑
营造技艺

SONGDAI JIANZHU
YINGZAO JIYI

王颢霖 著

APTIME
时代出版

时代出版传媒股份有限公司
安徽科学技术出版社

图书在版编目(CIP)数据

宋代建筑营造技艺 / 王颢霖著. --合肥:安徽科学技
术出版社,2021.6
(中国传统建筑营造技艺丛书 / 刘托主编. 第二辑)
ISBN 978-7-5337-8388-4

Ⅰ.①宋… Ⅱ.①王… Ⅲ.①古建筑-建筑艺术-中
国-宋代 Ⅳ.①TU-092.44

中国版本图书馆 CIP 数据核字(2021)第 041340 号

宋代建筑营造技艺 王颢霖 著

出 版 人:丁凌云 选题策划:丁凌云 蒋贤骏 王筱文 策划编辑:翟巧燕
责任编辑:田 斌 陈会兰 责任校对:沙 莹 责任印制:李伦洲
装帧设计:王 艳
出版发行:时代出版传媒股份有限公司 http://www.press-mart.com
　　　　　安徽科学技术出版社 http://www.ahstp.net
　　　　　(合肥市政务文化新区翡翠路 1118 号出版传媒广场,邮编:230071)
　　　　　电话:(0551)63533330
印　　制:合肥华云印务有限责任公司 电话:(0551)63418899
(如发现印装质量问题,影响阅读,请与印刷厂商联系调换)

开本:710×1010 1/16 印张:12.75 字数:204 千
版次:2021 年 6 月第 1 版 2021 年 6 月第 1 次印刷

ISBN 978-7-5337-8388-4 定价:69.80 元

丛书第二辑序

自2013年"中国传统建筑营造技艺丛书"第一辑出版至今,已经8年过去了。这8年来,"营造技艺及其传承保护"已然成为中国传统建筑文化及文化遗产保护领域的热门话题,相关的课题研究、学术论坛高倍聚焦于此,表明了营造技艺的学术性和当代性价值。不惟如此,"营造"一词自1930年中国营造学社创立以来,重又为社会各界广泛认知和接受,成为人们了解传统建筑的一种新的视角,或可以说多了一把开启中国建筑文化之门的钥匙。

研究营造技艺的意义是多方面的:一是深化和拓展了建筑历史与理论研究的领域;二是丰富和充实了文化遗产保护的实践;三是在全国范围内,特别是在民间,向广大民众普及了对保护和传承非物质文化遗产(简称"非遗")的认知。正是随着非遗保护工作的不断深入,我们对一些已有的认知也在逐渐深入和更新。比如真实性问题,每一种非遗都是富有生命活力的存在,是一种生命过程,这是非遗原真性的核心内涵,即它是活着的生命体,而不是标本。这与物质形态的真实性有所不同,其真实与否是活态非遗真伪的判断标准。作为文物的一座建筑,我们关注的是物态本身,包括它的材料、造型等,可能还会延伸到它的建造历史,它甚至可以引导我们穿越到初建或改建时的那个年代;而作为非遗的技艺,建筑物只是一个符号,我们要揭示的是建造技艺延续至今所包含的人类文明和人类智慧,它在我们当今生活中所扮演的角色,让我们既感受到人类文明的涓涓流淌,又体验到人类生活的丰富多样。我们现在在古建筑物质形态保护方面,对原真性保护虽然原则上也强调使用原材料、原工具、原工艺进行修缮,然而随着"非物质文化遗产"概念的引入和普及,传统技艺本身已然成为保持文化遗产真实性的必要条件和要素,成为被保护的直接对象。对技艺的非物质保护,首先就是强调其原真性需要得到保护,技艺的原真性就是有序传承的技术、做法、工艺、技巧。作为被保护对象,它们不应被随意改变。如同文物建筑不得被任意破坏或改动一样,作为非物质的载体,物质性的作品、成品、半成品、工具等都是展示技艺的要件,它们同时承载着识别技艺和展示技艺的功能,不应人为刻意掩盖或模糊技艺的真实呈现。所谓修饰一新、整旧如旧的做法,严格意义上说都不符合真实性原则。

又比如说活态性问题,非物质文化遗产是活态遗产,指的是非物质文化遗产在历史进程中一直延续,未曾间断,且现在仍处于传承之中。它是至今仍活着的遗产,是现在时而非过去时。一般而言,物质形态的遗产是非活态的,或称固态的,它是凝固、静止的,它是过去某一时段历史的遗存,是过去时而非现在时,如建筑遗构、考古遗址,乃至一般性的文物。然而非物质文化也并非全都是活态的,因而也不都是文化遗产,它们或许只是文化记忆,比如说终止于某一历史时期的民俗活动与节庆,失传的民歌、古乐、古代技艺,等等,虽然它们也是非物质的,也是无形的,但它们都已经成为消失在历史长河中的过去,被定格在某一时间刻度上,或被人们所遗忘,或被书写在历史文献中,它们在时间上都归为过去时。而成为活态的遗产则都是现在时,是当今仍存续的、鲜活的事项,如史诗或歌谣仍然被传唱,如技艺或习俗仍然在传承和被遵守,尽管它们在传承中也有所发展,有所变异。由此可见,活态并非指的是活动或运动的物理空间轨迹及状态,而指的是生生不息的生命力和活力。活态性也表现在非物质文化遗产在传承与传播中不断地应变，像生命体一样在与自然环境及社会环境的相互作用中不断地生长、适应与变化，积淀了丰厚的政治、经济、历史、文化、科技信息，积累了历代传承人的智慧和创造力，成为人类文明的结晶，如唐宋时期的营造技艺发展到明清时期已然发生了很多变化，但其核心技艺一脉相承，并直到今日仍被我们所继承和发扬。

再比如说整体性问题，营造技艺并非只强调技术，而应该包含营建活动的全部，"营"代表了其中的精神性活动，"造"代表了其中的物质性活动。在联合国教科文组织所列的五种非遗类型中，有一些项目是跨类型的，建筑即是如此。虽然我国现行管理体制中把建筑列入技艺类项目，但其与人类认知、民俗、文化空间等内容都有着紧密的联系，这也证明了营造类文化遗产的复杂性和丰富性，需要我们认真研究和传承。现实中没有一项文化遗产不是一个复杂的综合体和有机体，它们都具有自己的完整结构和运行规律，每一项非物质文化遗产都是由持有人、遗产本体（如技艺、表演等）、物质载体（如产品、艺术品等）、生态环境（自然与人文环境）共同构成的。整体性保护就是保护文化遗产所拥有的全部内容和形式，对非物质文化遗产的科学保护意味着对其相关要素进行全面保护，否则就难以实现保护的初衷，难以取得成效。营造技艺保护在整体性方面可谓表现得尤为典型。

中国非物质文化遗产是按照分类进行专项保护的，但许多遗产在实际存续状态中往往涉及多种类型，如不强调整体性保护，很可能造成遗产被割裂、分解，如表演艺术中的戏剧、曲艺，大多涉及文学、音乐、舞蹈、美术，以及民俗。仅以皮影为例，就涉及说唱、美术、制作技艺等，只有整体保护才能取得成效。不仅如此，除去对遗产本体进行保护外，还要对其赖以生存的生态环境予以保护，其中既包括文化生态，也包括自然生态。就营造技艺而言，整体性保护意味着对营造技艺本体进行全面保护，即包括设计、建造、技术、工艺等各个方面。中国古代建筑的设计与建造是一个整体的两个方面，不可分割；不像现在，设计与施工已经完全是两个不同的专业领域。"营造"一词中的"营"，之所以与今天所说的建筑设计有差异，主要在于它不是一种个体自由创作，而是一种群体性、制度性、规范性的安排，是一种集体意志的表达，同时本质上也是一种技艺的呈现形式。其实，任何一种手工技艺都含有设计的成分，有的还占据技艺构成的重要部分，如青田石雕、寿山石雕等。相比之下，营造方面的"营"包含的设计内容更为丰富，更为复杂。

对营造技艺的全要素进行整体性保护，需要打破物质与非物质、动态与静态、有形与无形的界限，正确认识它们之间的相关性。它们常常是一枚硬币的正反面，保护一方面的同时不应忽略另一方面。虽然我们现在强调的是针对非物质文化遗产的保护，但随着对文化遗产整体观认识的不断深化，我们必然会迈向文化遗产整体保护的层面，特别是针对营造技艺这类本身具有整体性特征的遗产对象。整体性保护与活态性相关，即整体保护中涉及活态（动态）与静态保护的有机统一。这里的活态保护主要不是指传承人保护，而是强调一种积极的介入性保护手段，即将保护对象还原到一个相对完整的生态环境中进行全面保护，这需要我们在一定程度上打破禁锢，解放思想，进行创新。现在有很多地方尝试进行一定的活化改造，即集中连片或成区片地整体保护传统街区、村落、古镇，同时保护与之相关的自然与人文生态，包括原有的地域性生活样态，如绍兴水乡、北京南锣鼓巷街区、川（爨）底下古村落等，都在力争保持或还原固有的风貌、风情、风俗，这是一种生态性的整体保护策略，是整体保护理念的体现。

在理论探索的同时，营造技艺的保护实践也在逐渐系统化和科学化，各保护单位和社会团体总结出了诸如抢救性保护、建造性保护、研究性保护、展示性保护、数字化保护等多种方式。

抢救性保护主要指保护那些因自身传承受到外部环境冲击而难

以为继,需外力介入才能维持存续的项目,其保护工作主要包括对技艺本体进行记录、建档、录音、录像等,对相关实物进行收集整理或现状保存,对传承人进行采访,系统整理匠谚口诀,建立工匠口述史档案,给生活困难的传承人以生活补助或改善其工作条件,等等。

建造性保护是非遗生产性保护的一种转译,传统技艺类项目原本都是在生产实践中产生的,其文化内涵和技艺价值要靠生产工艺环节来体现,广大民众则主要通过拥有和消费其物态化产品来感受非物质文化遗产的魅力。因此,对传统技艺的保护与传承也只有在生产实践的链条中才能真正实现。例如,传统丝织技艺、宣纸制作技艺、瓷器烧制技艺等都是在生产实践活动中产生的,也只有以生产的方式进行保护,才可以保持其生命力,促使非遗"自我造血"。相对一般性手工技艺的生产性保护,营造技艺有其特殊的内容和保护途径,如何在现有条件下使其得到有效保护和传承,需要结合不同地区、不同民族、不同级别的文化遗产项目进行有针对性的研究和实践,保证建造实践连续而不间断。这些实践应该既包括复建、迁建、新建古建项目,也包括建造仿古建筑的项目,这些实质性建造活动都应进入营造技艺非物质文化遗产保护的视野,列入保护计划中。这些保护项目不一定是完整的、全序列的工程,可能是分级别、分层次、分步骤、分阶段、分工种、分匠作、分材质的独立项目,它们整体中的重要构成部分都是具有特殊价值的。有些项目可以基于培训的目的独立实施教学操作,如斗拱制作与安装,墙体砌筑和砖雕制作安装,小木与木雕制作安装,彩画绘制与裱糊装潢,等等,都可以结合现实操作来进行教学培训,从而达到传承的目的。

研究性保护指的是以新建、修缮项目为资源,在建造全过程中以研究成果为指导,使保护措施有充分的可验证的科学依据,在新建、修缮项目中和传承活动中遵循各项保护原则,将理论与实践相结合,使各保护项目既是一项研究课题,也是一个检验科研成果的实践案例。

实际上，我们对每一项文物修缮工程或每一项营造技艺的保护工程，在实施过程中都有一定的研究比重，这往往包含在保护规划、保护设计中，但一般更多的是为了满足施工需要，而非将项目本身视为科研对象来科学系统地做相应的安排，致使项目的宝贵资源未得到充分的发掘和利用。在研究性保护方面，北京故宫博物院近年启动了研究性保护的计划，即以"技艺传承、价值评估、人才培养、机制创新"为核心，以"最大限度保留古建筑的历史信息，不改变古建筑的文物原状，进行古建筑传统修缮的技艺传承"为原则，以培养优秀匠师、传承营造技艺、探索保护运行机制等为基本目标，探索适合中国国情的古建筑保护与技艺传承之路。

随着第五批国家级非物质文化遗产代表性项目名录推荐项目名单的公示，又将有一批营造技艺类保护项目入选名录，相应的研究和出版工作也将提上议事日程，期待"中国传统建筑营造技艺丛书"第三辑能够接续出版，使我们的研究工作即便不能超前，但也尽力保持与保护传承工作同步，以期为保护工作提供帮助，为民族文化遗产的传播做出切实的贡献。

刘　托

2021年1月27日于北京

前　言

　　本书时间涉及公元10世纪末至13世纪末,即公元960年北宋开国至公元1279年南宋灭亡。此段时间中,汉民族统治的赵宋王朝与辽、金、西夏多个少数民族政权并存于中国大地。多民族政权的背景之下,各地区建筑的发展并不均衡,宋王朝开明的政策、高度发展的经济、繁盛的文化与艺术促生了极具意义与影响的建筑营造技艺,使宋代以极高的成就书写了我国传统建筑发展史上浓墨重彩的一笔。辽、金、西夏建筑或循宋制,或用汉匠,也留下了诸多技艺精湛的作品。

　　两宋是中国古代城市演变过程中的转折时期,城市布局由封闭转为开放。社会经济的发展,特别是商品需求和交换的巨大增长,市民阶层的兴起,民本意识的增强,使封闭式的里坊制度显然成了城市经济发展的桎梏,引发了唐代以来里坊制的崩溃和集中式官市的瓦解。取而代之,出现了街巷制、分散式的商业网以及城市园林。城市的功能除却传统的政治中枢、军事防御外,商业与居住建筑也具有了与前者同样重要的地位,由此产生了丰富的商业、娱乐和文化建筑类型。同时,相对自由的雇募关系在一定程度上促进了建筑营造技术的创新与发展,催生了大量结构与形态更加成熟的建筑,建筑造型和装饰艺术愈发精美,建筑的群体组合形式也更加多样。高水平的营造技术及其标准规范既是以往历代经验的总结,也是以后各代持续进步的基础,使宋代建筑营造技术成为中国建筑历史上的重要里程碑和标杆。

作为中国传统建筑营造技艺发展成熟的重要代表,宋代营造技艺上承汉唐,下启明清,积淀了丰富的建筑思想与营造经验,并以颁布于崇宁二年(公元1103年)的《营造法式》为制度化、规范化的标志。宋代的营造技艺作为中国传统木结构营造技艺源流中重要的节点,后期各代及各个地区的营造技艺的传承及影响大多可上溯至以宋《营造法式》为标志的宋式营造。作为构成传统建筑的技术体系,传统营造技艺包含着建筑本身的构造设计、做法和工序、工具的选取与材料的加工,以及与营造活动相关的一系列文化习俗。

本书对宋代建筑营造技艺的相关内容进行记录与梳理,依据宋《营造法式》规定的做法,参照现存宋、辽、金时代的遗构及相关研究成果,整理营造过程中具体的技术与工艺,以更加系统的方式呈现宋代建筑的营造技艺,进而分析其内在的工艺思想与营造理念,探讨其在传统建筑营造技艺传承中的价值体现,以期对非物质文化遗产的科学保护提供一定程度的理论支持。

人类的文明在传承与延续中得以前进,每一代人都离不开前人所创造的物质与非物质的文化遗产。中国传统的建筑营造伴随中华民族历经千年,其形态背后所凝结的文化与精神特质潜移默化地成为地平线上一抹人类共有的记忆。随着近年来文化遗产领域研究的扩展与深入,非物质文化遗产保护视野下传统营造技艺的研究也产生许多新的成果。针对传统营造技艺的抢救、保护及资料记录、整理工作的广泛开展,对传统营造技艺的厘清,建立对其科学的认知体系,是非物质文化遗产保护工作的重要内容。针对宋代建筑营造技艺的梳理与总结,既可呈现其在非物质文化遗产保护工作中的价值与意义,也可为其他类型营造技艺的保护工作提供参考与比较。同时,对于建筑遗产保护,尤其是对宋、辽、金时期的建筑,以及以宋代建筑营造为核心技艺的仿宋建筑的修缮与复建,都有一定的实践意义。

目　　录

第一章
宋代建筑营造概况

第一节
宋代营造的背景与环境

　　宋朝上承五代十国,下启元朝,划分为北宋和南宋两个阶段,共历十八帝。"三百余年宋史,辽金西夏纵横①",自北宋开国(公元960年),至公元1279年南宋政权结束,赵宋王朝319年的统治时间中,中国大地始终呈现多民族政权并存的局势。

　　公元960年,赵匡胤发动陈桥兵变取代后周,建立宋朝,沿用东京(今河南开封)为都城。此后,虽然辽军多次南下,但宋、辽的边界基本稳定在代州(今山西代县)至霸州(今河北霸州),即沿山西中部至河北、天津一线。公元1005年,北宋与辽缔结澶渊之盟,结束了两个政权20余年的争战,自此两国礼尚往来,通使频繁,开启了宋、辽长达120年的和平,边境"生育繁息,牛羊被野,戴白之人,不识干戈"。北宋在边境的雄州、霸州等城市设置榷场(互市贸易市场),开放交易。北宋政府用香料、瓷器、漆器、茶叶、稻米等,交换辽的羊、马、骆驼等牲畜,民间的交易也随之发展起来,极大地促进了民族间经济和文化的交流。北宋宝元元年(公元1038年),党项族李元昊在兴庆(今宁夏银川)称帝,国号大夏,因位于中原的西北方,宋人称之为西夏。李元昊建国后,在与辽、宋的战争中先后获得胜利,北宋的西北界基本维系在现在的青海西宁、甘肃兰州、陕西横山一线,自此成北宋、辽、西夏三国鼎立

---

① 杨慎.廿一史弹词(历代史略十段锦词话)。

之势。公元1125年，金朝南侵灭辽，次年（靖康元年）兵临汴京（又称汴州、汴梁，今河南开封），北宋覆灭。康王赵构被迫出逃，于公元1127年在南京应天府建立南宋，后迁都临安（今杭州）。此后金国与南宋数度开战未有结果，于绍兴十一年（公元1141年），两国签订《绍兴和议》，以秦岭、大散关（今宝鸡市南郊秦岭北麓）为界，至此形成南宋、金、西夏政权并存的格局。

中国封建社会发展至宋代已进入成熟时期，农业生产、物质经济、科技文化、宗教哲学以及城市化水平都有较大发展。农业与经济的发展促使宋代人口大量增多，较盛唐时的五六千万人口，宋初约至一亿人口，宋末则维持在一亿两千万人口左右①。世俗化、人文化进程加快，社会繁荣开明，在物质和精神文明建设上更有自己的辉煌，是中国文化演进中的"造极"之时②，更被称为中国"最伟大"和"最富于创造性"的时代③。宋朝的疆域不及汉唐，后世评价也多认为宋代"积贫积弱"，并非国力强劲之时，但其文化影响辐射周边政权，远超其统治的疆域，时间上也远达于13世纪之后，理学与新儒学的兴盛、艺术与文化的奔流，更成为此后中国人文化性格中持续发酵的底色。

两宋时期的城市规划、建筑设计、工程技术等方面皆取得了长足的进步，建筑风格醇和雅致，装饰手法及建筑色彩的运用也较前代更为娴熟，是中国古代建筑规范化、模数化的成熟时期。刊行于北宋崇宁二年（公元1103年）的《营造法式》，更为建筑的工程做法、用料及功限做出了官方的制度规范，成为研究宋代建筑营造所倚重的经典著作。宋代的营造技艺影响深远，其后代建筑多有借鉴，并且随着时代更迭、技术进步而传承不断，现存的晋、徽、浙、川等地的元、明、清诸时期建筑中仍可见到其踪影。

①、③ 费正清. 费正清论中国: 中国新史[M]. 台北: 正中书局, 1994.
② "华夏民族文化，历数千载之演进，造极于赵宋王朝。"见陈寅恪《邓广铭宋史职官志考证序》，原载于1943年3月《读书通讯》。

第二节
宋代营造的机构与制度

┃ 一、营造机构的设置 ┃

营造活动离不开营造机构的协调运作。宋朝的官制设置以元丰改制(公元1078—1085年)为界限,改制前后各为一阶段,北宋为一阶段、南宋为一阶段。宋初沿用唐末五代的旧制,设三司(度支、盐铁、户部,各司之下各领八案)掌握国家财政大权。北宋开国后的100余年,实际上是由三司修造案掌管建筑营造工程。宋真宗景德二年(公元1005年),为了减少三司机构冗余、事务众多所造成的舞弊及管理问题,设置了提举在京诸司库务司,也称提举库务所、都大提举诸司库务司,由其所辖的具体库、务、院、坊负责建筑营造和材料,如提举修内司、提举修造司、八作司、竹木务、事材场、退材场、东西窑务。宋神宗元丰改制后恢复了三省、六部、诸寺监的实际职掌,营造管理体系较之前更为合理,分工更加明确。将作监取代了之前的修造案,工部成为建筑管理的最高部门,主管全国的城郭、街道、宫室、舟车、桥梁、器械、百工制作、钱币、河渠等政令。

北宋将作监作为五监之一,在北宋初期仅是负责掌祠礼祭供省牲牌、镇石、炷香、盥手用具、焚版币种种事务的,宋神宗熙宁四年(公元1071年)十一月"专领在京修造事",宋神宗元丰三年(公元1080年),举凡土木工匠版筑造作之政令、城壁、宫室、桥梁、街道、舟车营造之事,都归于将作监掌管。根据《宋史·职官志五》记载,元丰官制后,将作监"置监、少监各一人,丞、主簿各二人。监掌宫室、城郭、桥梁、舟车营缮之事,少监为之贰,丞参领之,凡土木工匠版筑造作之政令总焉。辨其才干器物之所须,乘时储积以待给用,庀其工徒而授以法式;寒暑蚤暮,均其劳逸作止之节。凡营造有计账,则委官覆视,定其名数,验实以给之。岁以二月治沟渠,通壅塞。乘舆行幸,则预戒有司洁除,均布黄道。凡出纳籍账,岁受而会之,上于工部"①。可见元丰改制后的将作监职能更加具体,涵盖了营造事务的方方面面。

将作监下分10个官署,即修内司、东西八作司、竹木务、事材场、麦䴵场、窑务、丹粉所、作坊物料库第三界、退材场、帘箔场②。其与北宋前期提举在京诸司库务司所辖不无联系,各司主要职能介绍如下:

(1)修内司:负责皇城内宫殿垣宇及太庙修缮等大规模工程。南宋时兼制造御前军器。

(2)东西八作司:纵观两宋,东、西二司时合时分,宋初称为八作司,并设置了东八作使和西八作使,太平兴国二年(公元977年)分为东、西八作两司,景德四年(公元1007年)六月与街道司合为一司。天圣元年(公元1023年)五月又分为东八作司和西八作司,东司在安仁坊,西司在安定坊,其后再次合并,直至宋神宗元丰二年(公元1079年)再分为两司③。东西八作司负责京城内外大量官修建筑,其实际的职能广泛且灵活,"八作"指的是泥作、赤白作、桐油作、石作、瓦作、竹作、砖作和井作④。其下有广备指挥(军匠),可细分为二十一作:大木作、

①、② 脱脱.宋史·卷一百六十五·志第一百一十八·职官五[M].北京:中华书局,1985.
③ 龚延明.宋代官制辞典[M].北京:中华书局,1997.
④ 徐松辑,刘琳,刁忠民,等校点.宋会要辑稿:职官三〇[M].上海:上海古籍出版社,2014.

锯匠作、小木作、皮作、大炉作、小炉作、麻作、石作、砖作、泥作、井作、赤白作、桶作、瓦作、竹作、猛火油作、钉铰作、火药作、金火作、青窑作、窑子作。各作工头称为"作头""都匠"。

（3）竹木务：负责将各地的竹木输送入京。

（4）事材场：主要负责筹划调度，"先行计度用料概数"，并对竹木材料进行初步砍、截加工后，使之成为可以供给营造活动的"熟材"。

（5）麦䴸场：负责京畿诸县夏租的麦秆，供泥墙营造使用。

（6）窑务：主要负责烧制营造所需的砖、瓦及日常器皿。

（7）丹粉所：负责烧制丹粉，用于图绘装饰之用。

（8）作坊物料库第三界：负责储积材物，供给各机构使用。

（9）退材场：负责拣选京城内外退弃的木材，按长短曲直等分类，将有用的材料供给营造活动或其他手工业，其余充作薪柴。

（10）帘箔场：负责抽算竹木、蒲苇，用来制作帘箔①。

将作监南宋初（建炎三年）因局势变动并归工部，高宗绍兴三年（公元1133年）复置。

｜ 二、营造制度与管理 ｜

除了以上介绍的营造机构，建筑工程的运营也依赖于制度的保障和各类技术力量的支持。那么，两宋时期营造活动的组织方式又是怎样的呢？斗转星移，昔日工匠们从事营造活动的场景早已散去。对于营建过程的具体运作与组织结构，我们只能从宋人留下的文书中寻找只言片语的记录。

构成宋代官方营造活动的工匠主要分为军匠和民匠，军匠是具有军人身份的劳动力，占有很大的比例，除军匠外，宋时还以差雇、和雇

---

① 胡小鹏.中国手工业经济通史（宋元卷）[M].福州:福建人民出版社,2004.

两种形式征用大量民匠。所谓差雇，是指工匠差役并不是无偿劳动，而是需要支付一定的雇值。差雇的强制性高，工匠需按籍轮差，差役的时间有规定，根据其工作完成的程度也有赏罚。差雇制度的雇值较市价低一些，所以工匠的积极性不高。和雇的雇佣关系是相对自主的，雇值也更加合理。此外，营造工程中大量的壕寨工作，如搬运、修筑、挖掘等劳动密集但技术含量并不十分高的工作，大多由役夫、民夫来完成。文献中有诸多营造工程征用工匠的记载，如宋真宗在营建玉清昭应宫时"尽括东南巧匠遣诣京[①]"，宋仁宗在修葺大内宫殿时"令京东西、淮南、江东、河北路并发工匠赴京师[②]"。

　　沿历史长线看，随着社会的发展与进步，工匠的地位也相对改善。唐代官方为方便征用工匠，将匠人们按区域进行匠籍的划分，遇有工程需要时就从民间征役，一般以服徭役或色役的形式，具有较强的剥削性和强制性。发展至宋代，工匠制度较唐代有了明显的不同，匠人地位比唐代也有提高，雇值制度的建立、服役制度的废除是极具历史意义的社会性进步。雇募制所包含的相对自由为宋代建筑的发展带来了一定的生机与活力，从徭役制中解放出来的劳动者在建筑活动中发挥了更大的创造力。宋代政府规定"能倍工即偿之，优给其值"，这无疑更大程度上提高了工匠的劳动积极性，也利于生产的合理安排。除了多劳多得、能者多得，宋代政府对于工匠的安全与保障也有相应的措施，享有一定的假日、医疗和抚恤政策。

　　《宋会要辑稿》中载有绍兴二十八年（公元1158年）皇城东南一带修筑外城的记录："监修、壕寨、监作、收支钱米物料、部役等官，并于殿前司差拨外，所有计置搬运物料、受给官等，乞从臣等选差。旧支工食钱，监修官欲支一贯二百文，壕寨官一贯文，监修、收支钱米、部役、计置搬运物料受给官八百文；作家六百文，诸作作头、壕寨五百文，米二

---

① 脱脱. 宋史·卷二九九·列传第五八·李溥传[M].北京:中华书局,1985.

② 李焘. 续资治通鉴长编·卷一百一十[M].北京:中华书局,2004.

勝^①半,工匠三百五十文,立扁手三百文,杂役军兵二百五十文,各米二勝半,行遣人吏、手分各三百文,贴司各二百文^②。"从文字中,可大体探得参与宋时营造活动的人员与他们的等级。完成一项土木工程,工官、工匠、役夫须组成一个配合有序的团队。作为营建活动的高层管理人员,监修官与壕寨官是营建活动的主要负责人,并不直接参与营造活动,监修、收支钱米、部役、计置搬运物料、受给官负责除具体营建之外的运营工作,而作家、诸作作头、壕寨、工匠、立扁手都是直接参与具体营造的核心技术人员;其他如杂役军兵、行遣人吏、手分、贴司则完成辅助类工作,营造工作的报酬则有钱和米两部分。

北宋著名文学家苏轼曾在《思治论》中写道:"今夫富人之营宫室也,必先料其资财之丰约,以制宫室之大小,既内决于心,然后择工之良者而用一人焉,必告之曰:'吾将为屋若干,度用材几何?役夫几人?几日而成?土石竹苇,吾于何取之?'其工之良者必告之曰:'某所用木,某所用石,用材役夫若干,某日而成。'主人率以听焉。及期而成,既成而不失当,则规矩之先定也。"《思治论》虽是一篇探讨政治改革的文章,但从中可以看出,北宋时,民间在计划营建一座或一组建筑时,往往先是由业主提出或确定建筑规模,拟用资多少,然后由匠人根据业主的规定提出技术设计。从《营造法式》中"举折"一节的描述也可以得出,匠人先在纸上画出百分之一的图样或侧样图,或者直接在墙上以正投影的方式画出十分之一比例的侧样图,以确定建筑的屋面举折、梁架短长,这个过程称为"定侧样"或"点草架"。在设计方案确定后,继而定材、定料、定量,然后征得业主同意,即可开始营造。

建筑营建的主持者被称为"都料匠"(也称"都料"),《思治论》中所说的"良工",即类似于此。除了工程的负责人,还需各类匠人与手工艺者的参与。两宋时期,经济贸易发达,商业行会空前发展。《梦粱录》

① 通"升"。
② 徐松.宋会要辑稿:方域二 二十一[M].北京:中华书局,1957.

卷十三"团行"条载:"市肆谓之团行者,盖因官府回买而立此名,不以物之大小,皆置为团行……其他工役之人或名为作分者,如……木作、砖瓦作、泥水作、石作、竹作、漆作、钉铰作、箍桶作、……大抵杭城是行都之处,万物所聚,诸行百市,自和宁门杈子外至观桥下,无一家不买卖者,行分最多①。"可见,宋代工匠内部的行当之分已经非常细致。同时,工匠不仅分"作",也分等级,"作头"或是"都匠"就是工匠群体中地位比较高的。北宋汴京城内的诸匠人、手艺人等多集中居住,如《东京梦华录》中:"北去杨楼,以北穿马行街,东西两巷,谓之大小货行,皆工作伎巧所居②。"这里的"工作伎巧"即包括从事建筑营造活动的各类手艺人。"倘欲修整屋宇,泥补墙壁……即早辰桥市街巷口,皆有木竹匠人,谓之杂货工匠,以至杂作人夫……罗立会聚,候人请唤,谓之罗斋……砖瓦泥匠,随手即就③",此种情景,在今日中小城市的街道中偶尔也可以看到。

此外,从建筑工程管理和预算的角度来看,宋代对于各个工种材料使用、各种构件的造作与安装,已形成一套十分系统精确的体系。《营造法式》对用工、用料规定了周详的定额控制标准,按照功日时长的不同,将全年月份划分为长功、中功与短功三种;针对工匠的身份与雇佣方式不同,记功不同;不同的工种、工序,根据难易程度不同,记功不同。正如李诫在《营造法式》的序中写道:"功分三等,第为精粗之差;役辨四时,用度长短之晷。以至木之刚柔,而理无不顺;土评远迩,厄而力易以供④。"《营造法式》中"功限"与"料例"中的定额数字,是通过大量的实际工程所得出的统计数字作为基础而制定的。在标准的用功、用料的基础上,再根据实际的营造情况,如用材等级的不同、技

① 吴自牧.梦粱录·卷第十三·团行[M].杭州:浙江人民出版社,1984.

② 孟元老,伊永文笺注.东京梦华录笺注·卷二·酒楼[M].北京:中华书局,2006.

③ 孟元老,伊永文笺注.东京梦华录笺注·卷四·修整杂货及斋僧请道[M].北京:中华书局,2006.

④ 李诫.营造法式:进新修《营造法式》序[M].杭州:浙江人民美术出版社,2013.

术与工种的复杂程度不同"比类增减"。

第三节
宋代营造与《营造法式》

　　作为宋代营造活动记录总结的最高标志,《营造法式》是由北宋政府颁布的建筑法规,是官方为了工程管理的需要,对建筑技术和建筑工料所做的标准化规定,见图1-1。在法典体系的构成上,宋初承唐制,沿用唐代律、令、格、式的体例,至宋神宗执政,认为"律不足以周事情,凡律所不载者,一断以敕①",将原有的形式变更为律、敕并重,令、格、式并存的法典体系。所谓"式",是法式与标准之意,宋神宗定义为"使彼效之之谓式②",具体地说,"式"即规定体制楷模方面的细则与程式的法规制度。结合《营造法式》内容,更说明《营造法式》的性质应是政府对于营造工程所制定的具有约束力的法令、成规以及预算定额。

　　中国历朝历代的营建活动皆耗工巨大,成为国家财政支出的重要部分,所以自汉代以来,就设有将作大将之职,至隋唐时,即称"将作监",宋因之。北宋建立以来,营造事业不断发展,直至中后期,朝廷弊端丛生,官员腐败。宫廷生活日渐靡费,皇族及显贵竞相铺张,兴建精美奢华的宫殿、苑囿、府第及寺观、园林等。史料记载大中祥符元年(公元1008年),宋真宗诏:"宫殿苑囿,下至皇亲、臣庶宅第,勿以五彩

①、②脱脱.宋史·卷一百九十九·志第一百五十二·刑法一[M].北京:中华书局,1985.

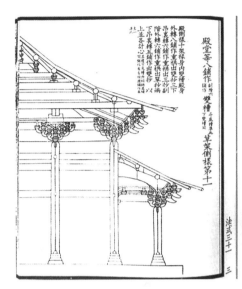
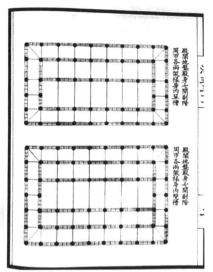

图1-1　《营造法式》内页

为饰[1]。"仁宗天圣七年(公元1029年),诏"士庶、僧道无得以朱漆饰床榻;九年,禁京城造朱红器皿[2]"。景祐三年(公元1036年)八月,又诏曰:"天下士庶之家,屋宇非邸店、楼阁临街市,毋得为四铺作及斗八;非品官毋得起门屋,非宫室寺观,毋得绘栋宇及朱墨漆梁柱、窗牖雕镂柱础[3]。"宁宗嘉泰初,以风俗侈靡,诏官民营建室屋,一遵制度,务从俭朴。然而,上述的诸多规定在当时并没有起到很强的约束作用。有钱的富室往往是一掷千金,对自己的宅第或居处进行各种豪华的装修。加之营造过程中官吏贪污成风,虚报冒估、偷工减料、以次充好而中饱私囊的事件时有发生,致使国库拮据、入不敷出。宋神宗熙宁年间(公元1068—1077年),任用王安石为参知政事,其认为"变风俗,立法度[4]"为当务之急,遂制定了一系列财政、经济的有关条例。可以推测,此时

① 李焘. 续资治通鉴长编·卷六十九[M]. 北京:中华书局,2004.
② 脱脱. 宋史·卷一百五十四·志第一百六·舆服五[M]. 北京:中华书局,1985.
③ 李焘. 续资治通鉴长编·卷一九九[M]. 北京:中华书局,2004.
④ 脱脱. 宋史·卷三百二十七·列传第八十六[M]. 北京:中华书局,1985.

修订一部周详、严格的控制工料的营造法规制度势在必行,而《营造法式》也正是此时由将作监奉敕编修,至元祐六年(公元1091年)成书的。但由于此书缺乏用材制度,导致在工料的规范上不够严谨,并不能阻塞漏洞,消除积弊①。故绍圣四年(公元1097年),哲宗推行新政,将作监少监李诚奉敕重新编修《营造法式》,于元符三年(公元1100年)完成,崇宁二年(公元1103年)刊行国内。从此书编修颁行的社会背景及内容中可以看出,该书是以"关防工料,最为要切②"为目的,在人力、财力、物力日趋匮乏而上流社会又日趋铺张这一矛盾的情况下,从正面规定营造法规的实施细则,力图防止贪污浪费,同时保证设计、材料和施工质量,以满足社会需要的一种努力。可以说,王安石的变法,北宋社会经济的发展与形势的需求,建筑生产技术的提高,都成为《营造法式》编纂的先决条件。

《营造法式》全书共三十四卷,依次为释名、各作制度、功限、料例和图样五大部分。书中详列了13个建筑工种的设计原则、建筑构件加工制作方法,以及工料定额和设计图样,成为中国古代木结构建筑体系发展到成熟阶段的一次全面而细致的总结。写在全书开卷处的是目录与看详,看详主要阐述一些传统的规定、定义和名称,诸如以规取圆,以矩画方,以及定平与取正的方法,屋面举折的画法,计算材料所用的各种几何形比例,按不同季节订立劳动功限的标准等。同时,看详也对部分旧例进行了新的规定,如对传统的"围三径一"精确为"圆径七,其围二十有二","方五斜七"精确为"方一百,其斜一百四十有一"。第一、二卷是总释,援引诸多经典,考证了当时各种建筑名词在不同文献中所使用的不同名称,并确定其在《营造法式》中使用的正式名称,求得语言上的统一。在总释之后附有总例,说明一些常用的几

---

① "以元祐《营造法式》只是料状,别无变造用材制度;其间工料太宽,关防无术。"李诚.营造法式·札子[M].杭州:浙江人民美术出版社,2013.

② 李诚.营造法式·札子[M].杭州:浙江人民美术出版社,2013.

何形及诸功限的计算方法。第三至十五卷依次为壕寨、石作、大木作、小木作、雕作、旋作、锯作、竹作、瓦作、泥作、彩画作、砖作、窑作十三个工种的制度规范,每卷皆详细说明每一工种如何按建筑物的等级和大小,选用标准材料,以及各种构件的比例尺寸、加工方法及各个构件的相互关系和位置等。第十六至二十五卷是上述各工种的功限,按照各制度的内容,规定了各种构件及工种的劳动定额和计算方法。第二十六至二十八卷规定了诸作的料例,即各工种的用料限量和有关工作的质量。第二十九至三十四卷是图样,包括当时的测量工具和石作、大小木作、彩画作的平立面图、断面图、构件图,各种雕饰纹样与彩画图案。值得注意的是,《营造法式》在制定各种规章制度的同时,还强调"有定法而无定式",各种制度在基本遵守的大前提下可"随宜加减",这样就使设计与施工既有典可依、有章可循,又可根据具体情况灵活变通。

　　《营造法式》是一部官方规范,主要规定统治阶级的宫殿、寺庙、官署、府第等建筑的构造方法,据统计数字来看,全书357篇、3 555条中有308篇、3 272条是来自工匠世代相传的经久可用之法。李诫编写《营造法式》时,已在将作监工作多年,积累了丰富的营造经验,其在《进新修〈营造法式〉》序中写道:"而斫轮之手,巧或失真;董役之官,才非兼技,不知以'材'而定'份',乃或倍斗而取长。弊积因循,法疏检察。"而李诫在"治三宫"的实践经验上制定新的规矩与制度,他在《营造法式》的序言中写道,"臣考阅旧章,稽参众智",可见其是在考究了经史群书的基础上"并勒匠人逐一讲说",从而编纂而成的"经久可以行用之法",因此在一定程度上反映了当时整个中原地区建筑技术的普遍水平,总结了我国11世纪建筑设计方法和施工管理的经验,反映了工匠们营造技艺的精湛程度,是一部闪烁着古代劳动工匠智慧和才能的巨著,也是我国留存至今最早的一部建筑专著,对研究宋代的营造技艺具有重要的意义。

宋代建筑

第二章
宋代营造技艺的成就

第一节
建筑类型及特点

　　宋代建筑营造是汉唐以来中国传统营造的一次阶段性总结。社会经济的繁荣,商品和手工业的发展,促使城市的规划与建筑发展也呈现出许多新的面貌,很多城市的性质逐渐从政治、军事型向商业型转化,对街巷景观、建筑造型包括其内部空间与外部装饰都提出了新的命题,带来一系列营造理念与营造技术的进步。北宋的东京、南宋的临安以及一些地方州、府,逐渐发展出繁华的市井风貌,商业的店铺遍布街巷,城市景观与园林更加普遍,建筑的造型形式、结构类型与装饰也更加丰富多彩。

　　北宋时期,10万户以上的城市在全国已增加到40余个,城市布局开始打破唐时的里坊制,五光十色、熙攘喧闹的商业街取代了单调平淡、冷漠整肃的坊市。宋徽宗时的画院待诏张择端,长于界画,尤其精于舟车、市桥、人物、山水,他在《清明上河图》中细致地描绘了清明时节北宋京城汴京以及汴河两岸的繁华景象和自然风光。河上舟船或行驶,或泊岸;城内外,房屋楼阁鳞次栉比,店铺、茶坊、食店、酒肆、脚店、寺观、公廨等沿街而设,拱桥横跨汴河,城门洞开,农工仕商,男女老幼,摩肩接踵,络绎不绝,一派繁荣景象。画作形象地反映了北宋城市经济的发达,是了解12世纪中国城市、建筑与社会生活极其宝贵的资料。

两宋时期的建筑布局讲究中轴对称,疏密有序,尊卑有别,使得群体建筑中主要建筑位于中后方,规模高大;次要建筑位于两侧,形体较小。整体高低错落,营造出良好的节奏和韵律。建筑内、外部空间和单、群体造型的完善与丰富,是两宋时期在建筑艺术方面取得的重要成就。同时,城市景观环境出现艺术化、园林化的趋向。如汴京城中,从宫殿出宣德门南去,至南熏门的御街,宽200余步。《东京梦华录》中记载:"中心御道,不得人马行往,行人皆在廊下朱杈子之外。杈子里有砖石甃砌御沟水两道,宣和间尽植莲荷,近岸植桃李梨杏,杂花相间,春夏之间,望之如绣①。"如斯美景,使今人艳羡。此外,园林艺术在两宋时期得到了长足的发展,参与造园活动的群体更加广泛,"万物一体""天人合一"的观念促使人们追寻园林、山水、宅院和谐的境界。皇家园林与私家园林相互借鉴,风格淡雅奇巧,洋溢着宋代文人气息。

一、城 市 新 貌

　　北宋城市形态的变化,要从唐与五代说起。

　　唐代实行严格的坊市制度,居民区和商业区完全分离,在诗人白居易的描述中,唐代的长安城(见图2-1)是"百千家似围棋局,十二街如种菜畦"的形貌。为了严格制度,政府在每坊都设有"坊正",负责"掌坊门管钥",五更开坊门,黄昏闭门。遇有"越官府廨垣及坊市垣篱者,杖七十"。至于市制,也有同样的严格限制:"日入前七刻,击钲三百下,散。"从市的发展来看,不管是早期的北市、后市,还是后来的东市、西市,在宋以前都只是集中在坊内的有限的交易场所,实际上是由早期服务于皇室贵族的"官市"演化而来的,性质上仍属官市的范畴。伴随城市手工业的飞速发展和商业经济的日益繁荣,这种僵化的坊制

---

① 孟元老,伊永文笺注.东京梦华录笺注·卷二·御街[M].北京:中华书局,2006.

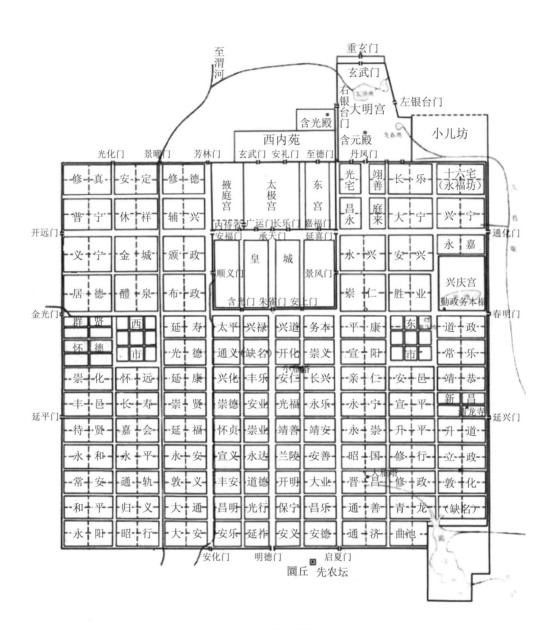

图2-1　唐代长安城平面图

和市制无疑是社会进步的一种障碍,城市变革已迫在眉睫。

事实上,自中晚唐及五代以来,对坊制和市制的破坏已时有发生。如开元年间,一官员在长安东西市的"近场处"广造店铺出租,"干利商贾,与民争利①"。唐玄宗下令"禁九品以下清资官置客舍、邸店、车坊",但迫于形势,实际上也只不过是限制了一下店铺的租价,每间月租不过五百文,而并未下令拆除。此后坊内设店日渐增多,如长安城中宣阳坊内就开设了彩缬铺,延寿坊内则有金银珠宝店,特别是自肃宗至德年间(公元756—757年),屡屡发生坊内店铺为了营业便利而擅自打通坊墙、街面开门的事情。贞元及元和年间,政府虽下令修筑坊墙和封闭不合定制擅自临街开启的店门,但已无济于事。而受中央政府钳制较少的一些地方城市,如当时首屈一指的商业都会扬州,早已是"十里长街市井连②""夜市千灯照碧云③"了。其他大商埠如成都、汴京等地的情景也大体如是。时至五代,传统的市制已基本瓦解,坊制虽然在形式上仍然维系着,但坊内设店和临街开门也已是常事,市坊分离的传统城市规划体系已实难继续了。后周汴京城就是这种局面的典型代表,"坊市之中,邸店有限,工商外至,络绎无穷""屋宇交连,街衢湫隘,入夏有暑湿之苦,居常多烟火之忧④"。显德二年(公元955年)四月,周世宗颁布《京城别筑罗城诏》,扩建开封,修筑外城,以改善城市拥挤、居住环境差和城市安全的问题,扩建的外城中,"候官中擘画,定军营、街巷、仓场、诸司公廨院,务了,即任百姓营造⑤"。对于旧城的种种问题,周世宗继而下诏划定街道宽窄的标准,允许街

---

① 唐玄宗《禁赁店干利诏》:"南北卫、百官等,如闻昭应县两市及近场处,广造店铺,出赁与人,干利商贾,莫甚于此。自今以后,其所赁店铺,每闲月估不得过五百文。其清资官准法不可置者,容其出卖。如有违犯,具名录奏。"

② 张祜.纵游淮南.

③ 王建.夜看扬州市.

④、⑤ 王溥.四库全书史部十三·五代会要·卷二十六·城郭.

道两旁在一定退线内(5米或8米)植树掘井、修盖凉棚①,同时大力疏浚河道,畅通水陆交通。梁思成先生将后周世宗柴荣称为"帝王建都之具有远大眼光者②",真切实在。

北宋继承的正是后周改造过的开封城,宋初朝廷为了统治阶级的意愿曾一度试图恢复旧制,试借隋唐里坊制度来重建传统的城市秩序和社会秩序,但终遭失败。北宋的侵街现象仍然层出不穷,百姓甚至官府都占用街道加盖自己的建筑,朝廷一次又一次地下诏禁止侵街或令拆除侵街建筑,都没能抵挡住侵街现象的反复出现。至宋仁宗景祐年间,朝廷做出让步允许临街设店,元丰二年(公元1079年)转而征收"侵街钱",变相地默认了侵街现象,到了宋真宗时,侵街的"违章建筑"更是导致了"坊无广巷,市不通骑"。

从文献记载可知在宋仁宗年间,晚唐时期那种只是坊内设店而坊墙不动、临街开门也只是三三两两的清冷场面就已消失,住宅、店铺均面朝街巷开门,繁华的市肆则遍布全城。《北窗炙輠录》载宋仁宗时宫人闻宫墙外的热闹之声,因曰:"官家且听,外间如此快活,都不似我宫中如此冷冷落落也。"仁宗曰:"汝知否?因我如此冷落,故得渠如此快活。我若为渠,渠便冷落矣③。"宋敏求在其《春明退朝录》中写道:"京师街衢,置鼓于小楼之上,以警昏晓。太宗时命张公洎置坊名,列牌于楼上。按唐马周始建议,置冬冬鼓,惟两京有之,后北都亦有冬冬鼓,是则京师之制也。二纪以来不闻街鼓之声,金吾之职废矣④。"可见在仁宗庆历年间(公元1041—1048年)沿用唐以来据鼓声启闭坊门的制度已废弛。总而言之,五代北宋时期,从首都到地方各大城市,传统的坊

①"许京城街道取便种树掘井诏:……朕昨自淮上,迴及京师,周览康衢,更思通济。千门万户,庶谐安逸之心;盛暑隆冬,倍减寒温之苦。其京城内街道阔五十步者,许两边人户各于五步内取便,种树掘井,修盖凉棚。其三十步以下至二十五步者,各与三步,其次有差。"王钦若等撰.册府元龟:卷十四 帝王部 都邑第二。

②梁思成.梁思成谈建筑[M].北京:当代世界出版社,2006.

③施德操.四库全书子部·北窗炙輠录卷下.

④宋敏求.四库全书子部·春明退朝录卷上.

图2-2　宋代东京平面复原图

制和市制陆续退出了历史舞台,城市不再以皇权的炫耀为规划标准,街巷和水陆交通汇聚之处多成为商业贸易的街市或集市,一种新的聚居方式——街巷式及其相应的城市公共空间与景观随之产生,见图2-2。

　二、街 巷 景 观　

宋代城市的格局在表面上虽然仍呈现为三重或两重相套的形式,但随着传统坊制与市制的瓦解,其内部格局已发生了彻底的变化,城市自身发展的内在规律开始逐渐修正城市的结构,唐代那种整齐划一的格网式布局已逐渐被淘汰,城市街巷不再按预先规定的那样严格安排,而是根据城市的地理条件、经济、生活的发展来不断调节。从城市街巷的规划布局可以明显地看出,两宋时期的城市道路系统大多采取了较为自然、开放的方式,如北宋东京,除御街等主要大道居中或呈对称布置外,绝大部分街道基本上是按照城市发展的实际状况,以宫城为中心向四周伸展,或曲或直,或疏或密,甚至出现了斜街。再如南宋临安(见图2-3),整体呈现出水乡城市的特点,腰鼓形状的城市以御街为

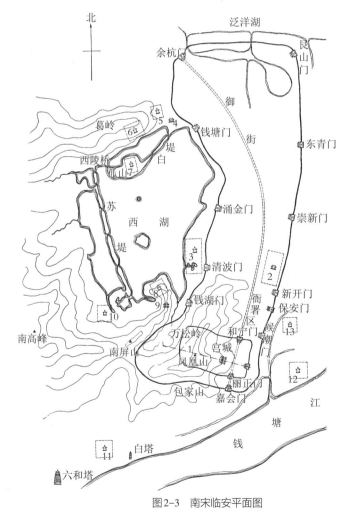

1. 大内御苑
2. 德寿宫
3. 聚景园
4. 昭庆寺
5. 玉壶园
6. 集芳园
7. 延祥园
8. 屏山园
9. 净慈寺
10. 庆乐园
11. 玉津园
12. 富景园
13. 五柳园

图2-3 南宋临安平面图

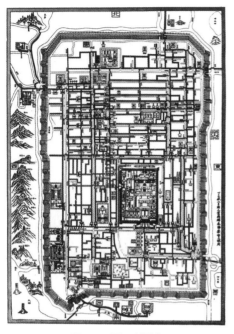

图2-4 平江府图碑

轴线,城内主要的道路多与河道平行,形成水上交通网络,干道间距也大多远近不一,复杂多变。至于南宋的平江府,更是依据城市地形条件、水势变化,形成了水陆与陆路、河道与街道并行的立体交通系统,其陆路网和水路网自由灵活、因地制宜,加之大量造型丰富的石桥、街巷牌坊、前街后河、临水起屋的空间形式形成了平江独特的水乡城市景观,见图2-4。

由于打破了观念僵化的等级区域划分,在城市中随之出现了贵族与平民、市肆与住宅、公共建筑与私家建筑杂然相处的局面,如《东京梦华录》中记载:新封丘门大街民户铺席与诸班直军营相对,郑皇后的邸宅与有名的酒楼"宋厨"前后相临,明节皇后的宅院靠近张家油饼店,蔡太师家则毗邻杂耍场。这种置权贵于一片闹市之中的市况在以前是不能想象的,这也说明城市分区的社会基础已不唯等级制度,而更多的是要考虑社会生活和经济活动的实际需要。这种开放的住宅区域、商业、手工业混合相间的用地方式,其实是经济发展带来的城市功能多样化的必然,是城市自我进步的一个标志。

城市中的新街巷取代了传统的里坊,产生了与以往截然不同的景观与建筑面貌。宋人孟元老在描述东京城内的新封丘门大街时写道:"……坊巷院落,纵横万数,莫知纪极。处处拥门,各有茶坊酒店,勾肆饮食[1]",纵横交错的商业街市一改过去一道道森严冷漠的坊墙,林立着各类商业店铺,使整个城市充满了生气。临街的店铺体量大小相

①孟元老,伊永文笺注.东京梦华录笺注·卷三·马行街铺席[M].北京:中华书局,2006.

异,位置不一,形式也是多种多样。特别是由于人烟稠密,房屋拥挤,很多沿街的建筑如酒楼、茶肆等都是多层的,使得街景十分丰富。《东京梦华录》中描写京城中酒楼、食店的门面"皆缚彩楼欢门""以枋木及花样沓朱绿装饰[①]"。宋画《清明上河图》中也有描绘,搭建在两层高的"孙羊正店"楼前正中,上面绑扎花形鸟状的装饰物,檐下装饰着流苏。白樊楼更是"三层相高,五楼相向,各有飞桥栏槛,明暗相通,珠帘绣额,灯烛晃耀[②]"。逢皇帝回宫时,都城的街景更装扮得"宝骑交驰,彩棚夹路,绮罗珠翠,户户神仙,画阁红楼,家家洞府[③]"。交通便利的河畔、桥畔、城门处,往往成为繁华街市的重要商业节点[④]。宋代男女皆可夜游于市,"夜市直至三更尽,缠(才)五更又复开张。如要闹去处,通晓不绝[⑤]"。宋代理学家刘子翚在《汴京纪事二十首》中写道,"梁园歌舞足风流,美酒如刀解断愁。忆得少年多乐事,夜深灯火上樊楼[⑥]",足见汴京夜晚的梦幻之景。见图2-5至图2-8。

从曹魏邺城开始,各代都城的中轴线

图2-5　宋画《清明上河图》局部1

图2-6　宋画《清明上河图》局部2

图2-7　宋画《清明上河图》局部3

图2-8　宋画《清明上河图》局部4

①、② 孟元老,伊永文笺注.东京梦华录笺注·卷二·酒楼[M].北京:中华书局,2006.
③ 孟元老,伊永文笺注.东京梦华录笺注·卷七·驾回仪卫[M].北京:中华书局,2006.
④ 梁建国.桥门市井:北宋东京的日常公共空间[J].中国史研究,2018(4):113-126.
⑤ 孟元老,伊永文笺注.东京梦华录笺注·卷三·马行街铺席[M].北京:中华书局,2006.
⑥ 樊楼即白樊楼、白矾楼,位于东华门外景明坊,有"京师酒肆之甲"的称号。

都和宫城正门相交,在此形成宫前广场,宫城正门也成为构图的交点。但在宋代以前,广场的空间与造型都还缺乏经营和处理,直至宋时的汴京才得到重视。御道由南而来,过内城正门朱雀门至州桥,此为宫前广场的起点,自此大道向北分为三路,中路为御路,两边设朱红权子,外侧为满植莲荷的水渠和边路,再外为东西长廊,廊前列植桃李梨杏及杂花。长廊南起州桥,有文武二楼分峙于两廊尽端,北至宣德门处折向东西,止于左右掖门,宫前广场呈一"T"字形,广场的交点宣德门为"凹"字形平面,中央正楼为单檐庑殿顶,左右斜廊下连接方形平面的东西朵楼,由朵楼南折又有侧廊与阙楼相通,阙楼外侧又有两重子阙,每个建筑的单体体量并不大,但组合而成的整体形象则十分壮观,见图2-9。

图2-9　宋徽宗《瑞鹤图》所绘宣德楼

从文武楼和州桥至宣德门,整个空间环境显然是被作为一个整体来考虑的,有铺垫,有高潮,有变化,有对比,显示出手法的多样性。比如,长廊、行道树、道路和水渠造成了许多导向宣德门的透视线,低平的长廊对高大的宫阙起到了陪衬的作用。宫门前设横向宽街而形成"T"字形广场,空间十分开阔。这些处理无疑大大加强了广场的表现力和感染力,其设计构思和实际效果较前代都更具艺术性。

三、园林兴造

城市的园林化是两宋时期营造的一个重要特点,这一方面在于城市内外的园林数量之多远胜以往,如北宋汴京,仅见诸记载的名园就有几近百处,而不著名者,更有百十。当时的贵族显宦、豪贾富户以及官司衙署、寺观祠庙,甚至较大的酒楼、茶肆差不多都有自己的园林。孟元老在《东京梦华录》中也写道:"大抵都城左近,皆是园圃,百里之内,并无阙地①。"南宋临安更是"一色楼台三十里,不知何处觅孤山②",此外洛阳、吴兴、平江、绍兴等也都是以园圃之胜见称一时的城市。另一方面宋朝政府重视绿化,宫廷周围多植槐、桧、竹等,城内街道两旁也多栽种槐、柳,在河道岸边栽种杨柳或榆树形成绿化带,城市中的广场及公共建筑前多有花木点缀,即便是一般的住宅和不起眼的小酒肆,也常是"花竹扶疏……极潇洒可爱",使人不难想见两宋城市的街巷中绿木成荫、锦花匝地的景象。宋代的文人官僚也参与到城市公共风景的建设与开发中,做出了不同程度的贡献。始建于庆历年间的醉翁亭,便是因时任滁州太守的欧阳修写下《醉翁亭记》而留名古今;苏轼曾两次任职杭州,修浚西湖六井,疏浚运河,并在此基础上开挖淤泥和葑草筑成长堤(即后世苏堤的雏形),既增加了西湖的蓄水能力,又沟通了南北交通③。加之其后西湖历次修筑堤防,储蓄湖水以灌溉田地,并在其周植树、筑亭阁等,逐渐形成了群山点缀、名园环绕的景致。南宋的文献中已有"西湖十景"的记载,俨然大型公共风景名胜区。而今历经十几个世纪的演进,西湖文化景观已列入世界遗产名录。

中国传统园林所追求的意境在宋代的园林品质中皆已具备,"可行、可望、可居、可游"成为理想的园林图景。在唐与五代的基础上,造园活动日盛,写意之风渐起,伴随文人阶层的参与,诗书画的发展都与此时的园林艺术相互影响。人们对自然美的认识较前代更加深刻,对

① 孟元老,伊永文笺注.东京梦华录笺注·卷第六·收灯都人出城探春[M].北京:中华书局,2006.
② "辉祖居钱唐后洋街……'一色楼台三十里,不知何处觅孤山?'近人诗也。"周辉,刘永翔校注.清波杂志.卷三 [M].北京:中华书局,1994.
③ 戴秋思,罗玺逸,展玥.苏轼在杭州的营建活动初探[J].华中建筑,2018,36(12):15-18.

图2-10 宋·刘松年《四景山水图》卷春景

图2-11 宋·刘松年《四景山水图》卷夏景

图2-12 宋·刘松年《四景山水图》卷秋景

图2-13 宋·刘松年《四景山水图》卷冬景

自然与人、与建筑的理解和其中意境的追求渐入更深的意味层面,更似在"须弥"与"芥子"的壶中妙境中寻得的"人与天地参",见图2-10至图2-13。

第二节
材料、工具与加工技术

对各类建筑材料的运用是传统营造活动实现的物质基础,也是建造技术发展的依托。"五材并用"的营造理念使中国传统营造在材料与工具的加工制作上积累了丰厚的经验。材料与工具的更新常常推动建筑技术的进步,其发展也从侧面展示出营造技艺的进程。

中国人对于木材的偏爱由来已久,传统建筑千百年来都以木结构作为主要的营造方式,对木材的性能、开采及运用积攒了累代的经验,并随着工具的更新和加工技术的提高不断丰富发展。早在春秋战国时的《考工记》中,就有细致的关于"攻木之工"的工种分类,形成了"材美工巧"的加工制作标准,更有因材施用的智慧。《营造法式》中对木材的加工更有大木、小木、雕、锯、旋种种列举。在具体的营造活动中木材也成为最主要的建材,《阿房宫赋》中"蜀山兀,阿房出"并非只是修辞,大量的营造活动导致木材的急剧减少。汉代时,已有种植林业来供给建材的事业。砖石材料则更多应用于陵墓、佛塔等建筑形式,宋代砖石材料的加工与建造技术有了新的提高,砖石雕刻与装饰技术也有了系统的总结。

一、木材的取用与加工

中国传统营造以木结构为主,木材的采伐与加工技术有着悠久的历史和丰富的经验。早在浙江余姚河姆渡时期的新石器时代遗址中,就发掘有类似于榫卯技术原理的穿透榫卯,也已经存在木桩、木梁等木质构件中,足见中华民族对于木材的运用由来已久。

1.取材

采伐木材是营造活动最开始的准备阶段,我国古代对于伐木活动的记载十分之多："伐木丁丁[①]""伐木许许[②]",形象地描绘了春秋战国时期人们伐木时的场面;"山有木,工则度之[③]"从侧面说明了伐木之前,工匠事先对采伐对象进行测量,确定其堪用后,有选择地进行伐木活动。伐木宜选挺拔笔直的入料,"不得将皮补曲,削凸见心[④]"。中国古代的伐木工匠们很早就了解到冬日采伐的木材较为干燥、坚实,所谓"草木未落,斧斤不入山林",是长期伐木实践经验的总结,避开"草木荣华滋硕之时"伐木取材,既符合木材生长的需要,也可减少虫蚁蛀咬和木材因自身水分而造成的腐烂[⑤]。与宋代风水术数的盛行相关,伐木活动也伴随相关的习俗与禁忌。传统的木材运输主要依靠漕运、畜力或人力等途径,"坎坎伐檀兮,置之河之干兮[⑥]"描写的便是古人通过河水来运送木材。《营造法式》卷十六中亦规定了水运的功限,根据河水流向与水流速度的不同,所计的功也有相应的差别,可见宋时对于以水运木早已积累了相当丰富的经验。

2.选材

我国木材品类丰富繁多,自古匠人们在木材种类的选用方面积累了相当丰富的经验。《营造法式》中明确涉及的树种有椆木、栎木(栋木)、檀木、榆木、槐木、柏木、香椿木、椴木、杉木、楠木、桐木、黄松、白松、水松等,同时在锯作功限中记载了根据软硬质地将木材分为杂硬材、杂软材等,以此计算锯割不同木材所需的解割功,一定程度上反映出此时工匠对不同种类木材强度、硬度等特性的具体认识。宋代建筑中,梁柱与飞椽的材料大多选择松木、柏木、杉木、楠木等结构致密均

① 音zhēng,王秀梅译注.诗经·小雅·伐木[M].北京:中华书局,2015.

② 音hǔ,王秀梅译注.诗经·小雅·伐木[M].北京:中华书局,2015.

③ 郭丹,程小青,李彬源注.左传上册·隐公十一年[M].北京:中华书局,2012.

④ 晁说之等撰.晁氏客语[M].长沙:岳麓书社,2005.

⑤ 中国科学院自然科学史研究所.中国古代建筑技术史[M].北京:科学出版社,1985.

⑥ 王秀梅译注.诗经·魏风·伐檀[M].北京:中华书局,2015.

匀且耐腐蚀虫蛀的木材;椴木、樟木、榆木等在门窗及家具中的使用也十分广泛。杉木也称"沙木",在宋代应用已较广泛,是南方人工培植的重要树种。据福建《建宁府志》记载,朱熹在建瓯讲学的别墅即"绕径插杉"。南宋戴侗在《六书故》中描述"杉木直干似松叶芒心,实似松蓬而细,可为栋梁、棺椁、器用,才美诸木之最。多生江南,亦谓之沙,杉之讹也。其一种叶细者,易大而疏理温,人谓之温杉[①]"。根据多位研究者考察现存晋东南的宋金木构建筑发现,硬度较大的松木(油松、落叶松)、杨木应用最广,其次为榆木、栎木等[②],其中斗拱用材多选用榆木、麻栎和杨木,都是在山西东南部广泛种植的树种。而北宋宁波保国寺大殿的斗拱用材则为桧木[③],显示出一定的地域性以及匠人对树材特性的掌握。不同于一般的官式建筑,皇家营造工程耗木量大,对木材尺寸的要求也更严格。大中祥符年间,宋真宗在开封修建昭应宫,搜集了全国各地的木材。根据洪迈《容斋三笔》记载,当时所用木材有取自甘肃天水、陇县、陕西凤翔以及大荔的松木,岢岚及山西离石、汾阴的柏木,长沙、衡阳、道县、零陵、常德、吉安的榆木、楠木及槠木,温州、临海、衢县、吉安的梓木,零陵、醴陵、丽水的樟木,以及长沙、柳州、宁波、绍兴的杉木[④]。

3. 用材

发展至宋时,木材的短缺与材料的浪费日益凸显,为了减少奢侈浪费的用材方式,宋代政府在木材管理机构和具体用材制度上都有相应的做法。如前文所述,北宋政府有着相对系统化的木材管理机构,对木材使用也有严格的审批制度。从开伐运输到进入事材场加工成

① 李渼.杉木在古代建筑实践中的应用[J].华中建筑,2004(1):118-119.

② 柴琳.晋东南宋金建筑大木作与宋〈营造法式〉对比探析[D].太原:太原理工大学,2013.

③ 杨俊.中国古代建筑植物材料应用研究[D].南京:东南大学,2016.

④ 洪迈.容斋随笔·三笔卷·十一[M].北京:中华书局,2005.

标准化的熟材,再到退材场的回收、分拣与再利用,一系列的流程为木材的充分利用打下了基础。具体到建筑营造活动,对于木材的合理使用也制定了相应的规定,讲究材尽其用,规定"勿在就材充用,勿令将可以充长大用者,截割为细小名件[①]"。开锯前需有计划地将大料先锯取,再按尺寸将余下的锯作其他尺寸合适的构件用料。《营造法式》在大木作的第二十六卷大木作料例中列举了四种方木及两种柱材的尺寸,作为不同开间、椽数的建筑用材。方木按尺寸分为大料模方、广厚方、长方、松方,柱料按长度与直径分朴柱、松柱两种。此外还列举有八种截割后尺寸较小的方木尺寸,用材更具规格化。《营造法式》同时规定了"若所造之物或斜,或讹,或尖者",采用"结角交解"的方式取料;如果木材带有轻微的裂缝,或在下墨线裁割时将缝隙置于构件的中间部位(裂缝近边则易断裂),或是直接作板,使其"勿令失料"。

| 二、石材的应用与加工 |

除木材外,石材以其优秀的抗压、抵抗磨损、耐腐蚀等特性,在中国传统建筑中也占有极重要的地位。

1. 应用

随着采石技术的提高,石材的应用更加广泛,除了石阙、石塔、陵墓等常见的类型外,城墙砌筑、道路铺设、桥梁架设中也多应用石材。石塔如泉州开元寺的双塔、湖州飞英塔的内塔,均是模仿木构楼阁的形式。根据史料记载,南宋杭州的路面已多采用石板铺砌,石材铺砌的道路相对减少了雨雪天气造成的泥泞冰冻等不利于交通的因素,也更坚固耐久,同时宋代石桥搭建技术的高超也使石桥数量和规模较前

---

① 李诫.营造法式·卷十二·锯作制度[M].杭州:浙江人民美术出版社,2013.

代增加。

从运用的形式来看,宋代多用碎石作为建筑基础的填充物,块石、条石则用于台基、踏道的铺砌,各类石构件如柱础、角石、勾栏则用于地面的排水构件、室外装饰等。随着两宋造园活动的兴盛,许多具有观赏意味的天然石被广泛用在园林中,如灵璧石、太湖石皆因形态、色泽、纹理等优势受宋人喜爱,尤其吸引了诸多文人参与,也助推了赏石风尚的流行①。

2.加工

我国幅员辽阔,石材的蕴藏量十分丰富,如多用于建筑的花岗石、石灰石、大理石、砂石种种。在石工匠们长期的实践中,至宋时,生产力的发展、工具的进步,使石料的开采效率显著提高,石材加工已形成成熟的工序。《营造法式》在石作制度中做了详细的介绍,"一曰打剥(用錾揭剥高处),二曰粗搏(稀布錾凿,令深浅齐匀),三曰细漉(密布錾凿,渐令就平),四曰褊棱(用褊錾镌棱角,令四边周正),五曰斫砟(用斧斫砟,令面平正),六曰磨砻(用沙石水磨去其斫文)②"。六个步骤由粗到细,将石料加工成可用的建筑石材。不同的加工方法和构件形式,所对应的功限种类也不同,如褊棱功、平面功、雕镌功、剜凿功种种。仅就《营造法式》卷三来看,关于石材的雕刻制度就有压底隐起、减底平钑、剔底起突、素平四等规定,从留存的实例来看,则有更为丰富的雕刻手法和艺术表现形式。我们可以从两宋时期留存下来的石桥、石塔等石作建筑及石雕作品上一窥当时的技术水平,见图2-14。

① 李文斌.宋代建筑石料研究[D].郑州:河南大学,2015:16-19.
② 李诫.营造法式·卷三·石作制度[M].杭州:浙江人民美术出版社,2013.

图2-14 宋代石桥

三、砖、瓦、灰的制作与加工

由"秦砖汉瓦"传承而来的砖瓦制作与烧造技术在宋代俱已更加成熟。砖最初多用于铺地与贴墙,后来用来砌筑墙体,逐渐发展出用砖砌筑的墓室、砖塔。宋代制砖技术已然成熟,砖的尺寸已经全部模数化。《营造法式》中对于砖的制作技术、功限、用料,以及规格尺寸都进行了详细的规定和总结,并列举了13种砖的类型,其中常用的如各类方砖、条砖、压阑砖等。此时异形砖的制作水平也得到提升,造型与图案在烧造中都处理得精美准确。

瓦作为重要的屋面防水材料,其制作技术实际是制陶工艺的继承与发展,在春秋战国之交渐为使用,瓦的产量、质量都较春秋早期大大提高,板瓦与筒瓦的形式基本确定,开启了我国古代生产优质灰陶瓦的传统。时至唐宋,板瓦、筒瓦、瓦当以及各种脊瓦、兽头的整套瓦件一应俱全。从出土的宋代瓦当来看,装饰如龙纹、兽面纹、花卉纹等,图案丰富、刻画精细,说明了瓦件加工的技术水平。《营造法式》中也有针对瓦作与窑作的制度,并在瓦作制度中明确地将瓦按材质分为素白、青掍、琉璃三类,详细规定了瓦件的规格和各类建筑形式的用瓦制度,产品呈现高度规格化的生产样式。宋、辽、金时期,瓦在民间也得到了普遍的使用。从宋画《清明上河图》中可以看出,北宋汴京街市两侧的民居宅邸,许多都使用瓦铺屋顶。宋时砖瓦的焙烧技术也十分先进,《营造法式》将烧制砖瓦的过程称为"烧变",并列举了素白窑、青掍窑、琉璃窑的不同烧造方法。素白窑主要烧制普通的青灰色砖瓦,而青掍窑可烧制质量上乘的青掍瓦。青掍瓦可分滑石掍与茶土掍两类,青掍瓦在干坯制作时,需用瓦石摩擦,并掺入滑石粉。青掍瓦的烧制实是将龙山薄胎黑陶的烟熏渗炭的方法运用到了制瓦中,烧制的燃料主要是蒿草、松柏柴等,此类燃料在燃烧时产生的浓烟含炭较多。与素白窑采用"窨水法"不同,青掍窑烧制时需"不令透烟",在烧制末期,浓烟中的炭渗积于坯体表面,烧制出的青掍瓦质地密实、孔隙率小,表面黝黑光泽,具有更强的耐腐蚀性和抗风化性。由此可见宋时的匠人对烧造砖瓦的各个阶段以及各阶段过程中产生的变化已十分了然,技术也十分纯熟。

琉璃砖瓦的加工制作也是传统营造材料不可忽略的部分。琉璃材质的器物在历代文献中多有记载,东晋王嘉在书中描述吴少帝孙亮的琉璃屏风"甚薄而莹澈[1]"(有夸大嫌疑)。《北史》也记载过北魏太武时,大月氏国的商人在京师用五色琉璃建造行殿的事迹,能够容纳百余人,"光色映彻"[2]。发展至宋代,琉璃的制作技术更加成熟,瓦件的制作分为制胎与挂釉两部分,第一次烧造制成瓦坯,第二次烧成釉

---

①王嘉撰,王兴芬译注.拾遗记[M].北京:中华书局,2019.
②"大月氏国,……太武时,其国人商贩京师,自云能铸石为五色琉璃,于是采矿山中,于京师铸之。既成,光泽美于西方来者。乃诏为行殿,容百余人,光色映彻,观者见之,莫不惊骇,以为神明所作。"

图2-15 开宝寺塔身琉璃砖

色。《营造法式》中记载了此时釉料的制作："凡造琉璃瓦等之制，药以黄丹、洛河石和铜末，用水调匀……①。"可见宋时制造的琉璃釉料主要使用含有硅酸盐的天然矿，洛河石即是石英类河卵石，因产于河南洛河而得名；热熔后配以黄丹、铜末，将釉料施于素胎露明的部分，再次入窑烧制，可制成绿色琉璃。宋代的琉璃仍以绿色和棕色居多。同时，宋时也出现了整体使用琉璃构件装饰的建筑，如建于北宋皇祐元年（公元1049年）的开封开宝寺塔（也称祐国寺塔、开封铁塔），塔身遍施褐色的琉璃砖（见图2-15），砖面雕刻精致、色泽鲜明。琉璃具有良好的绝缘性，也是此塔历经千年风雨不会因雷击致毁的一个因素。

除了砖、瓦，石灰也是营造活动中使用广泛的建筑材料，采用石灰石或贝壳为原料，在高温下煅烧而成。由于石灰石特殊的材料性质，在建筑营造中多处都有应用。仅从《营造法式》的记载中可以看出，宋时石灰既应用于粉刷墙面，也作为砖石砌体、瓦件的胶结材料。中国古代的匠人们很早就掌握了石灰的生产工艺，早在《考工记》中已有"白盛"的记载。宋人刘敞诗云，"白盛烂四壁，莹净磨疵瑕"，石灰刷饰墙壁，使墙面光洁，极大地提高了墙面的反射率，增加了室内的亮度。由汉代出土的石灰标本分析，在汉代的建筑遗址及墓葬中，以石灰粉刷墙面已经形成相应的做法。例如，汉代长安城南郊发掘的建筑遗址群中，墙面的粉饰明显地分为三个层次，最下面是掺入麦秸的泥，中间一层是混合有谷壳的细泥，最表层才是白灰泥浆。《营造法式》的泥作

①李诚.营造法式·卷十五·窑作制度[M].杭州:浙江人民美术出版社,2013.

制度中记载:"用石灰等泥涂之制,先用麤泥搭络不平处,候稍干;次用中泥趁平,又候稍干;次用细泥为衬,上施石灰泥毕[①]。"所谓"麤泥",就是加入了经过处理的碎麦秆;作为面层的石灰泥,则需加入较细的麻刀。二者对比来看,其中的继承与发展关系十分明显。同时,《营造法式》对于石灰泥的配比也做出了精确的规定,按建筑物不同的需求,加入不同颜色的灰土配置,有红灰、青灰、黄灰、破灰。宋时,随着石灰的使用增多,匠人们对煅烧石灰积累了丰富的经验,对于煅烧时的温度和火候也都有了更为精准的把握。石灰也用于建筑基层的铺设,用石灰、砂、黏土混合制成的"三合土"和清代广泛流行的"三七灰土"或"四六灰土"成为经济坚实的地基及地面垫层,且一直沿用至今,在当下许多古建落架和仿古建筑修建时仍多有采用,见表2-1。

表2-1　营造材料列举

营造材料	简介与用途
木材	松、柏、榆、椴、杉、桐等。木结构建筑最主要的材料,应用广泛,大小木作、室内装修、家具制作等
竹	竹材在营造中也有较多应用,如屋面垫层、脚手架、室内外装修等
砖	主要分为方砖和条砖,宋代砖的种类很多,多用于基础部分的挡土墙和磉礅、阶基、槛墙、铺地等(铺地多为方砖,余多为条砖)
瓦	主要分瓪瓦(板瓦)、筒瓦,《营造法式》规定了各类瓦件的具体规格,另有瓦当、当沟等
石材	花岗岩、大理石、石灰石等,用于阶基部分的柱础、角石、角柱、土衬石和压阑石等,也多用于各类石质的建筑构件、栏杆、踏道等
胶	胶既可黏合木件,也作为涂料的调和剂,小木作、雕木作、瓦作、泥作、彩画作、砖作皆有使用

①李诫.营造法式:卷十三·泥作制度[M].杭州:浙江人民美术出版社,2013.

续表

营造材料	简介与用途
钉	宋时用钉品类规格较多,大木作分为椽钉、角梁钉、飞子钉、大小连檐钉、白版钉、搏风板钉、横抹板钉,竹作用压笆钉、雀眼网钉,泥作用沙壁内麻华钉,砖作用井盘板钉
琉璃	主要为鸱尾、走兽等。有的级别较高的建筑,部分瓦件也用琉璃瓦。琉璃件多用胶泥作胎
麻	掺到泥中以加强泥的强度
石灰	用于石作、砖、瓦的胶结材料

四、营造工具

宋代冶炼钢铁的技术更加完备,灌钢法成为宋代钢铁技术的主流,工具的制作普遍采用锻造技术取代铸造技术,也使夹钢、贴钢技术广泛用于制作斧、凿、刀等工具和兵器,极大地提高了工具的强度和韧性,使得建筑材料的加工变得更为容易和精细。框锯的普及是这一时期的重大进步,彻底解放了解木费时费工的难题,推进了制材、制板技术的进步。框锯的使用是木作工艺发展的基础,带来木材加工技术的进步,形成了木工工具的配套组合使用,如使用锯、斧伐木,使用框锯制材,使用铇(刨)、锛、刮、铲、锄(锊)以及铨、锇、锡平木,使用框锯、凿子、钻、锤、斧加工榫卯等,形成了规范的加工技术和工艺①。学者李浈更认为框锯的发明对材份制的产生有较大的影响。后世所见的木工工具至宋末已经大体完备,见图2-16至图2-28、表2-2。

---

① 李浈.中国传统建筑木作工具[M].上海:同济大学出版社,2015.

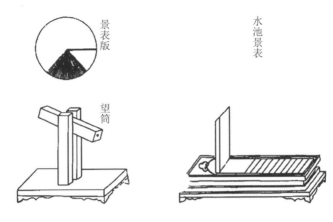

图2-16　景表、望筒、水池景表

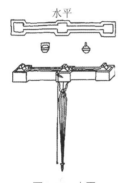

图2-17　水平

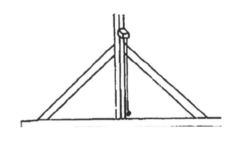

图2-18　真尺

图2-19　木槌、铁钎

图2-20　铁锤、铁钎

图2-21 锯

图2-22 锯

图2-23 长铇

图2-24 斧、凿子

图2-25 丁字尺

图2-26 墨斗

图2-27 弹线

图2-28 泥工工具

表2-2　营造工具列举

营造工种	工具类型	主要用途
壕寨工具	定向工具	用以确定南北正方向。主要有景表、望筒和水池景表。三者组合使用,以前两者共同使用为常法,水池景表仅作校核用
	定平工具	用以确定建筑基础和柱础上表面的水平,主要用水平和真尺
	开挖工具	用镐、锹等挖土,用土篮、抬筐等运送土
	夯筑工具	用于夯筑土墙。主要用木杵,有的加铁或石制的夯头。还有桢、夹板、麻绳等
起重工具		桔槔(利用杠杆原理起重),滑车、绞车、辘轳等起重工具
运输工具		螭车、驴拽车、独轮小车子,水运则采用舟船、排筏等
石作工具		主要用于加工制作石料。主要有铁钎、木槌、铁斧等。铁钎长短不一,用途不一
木作工具	伐木工具	用以砍伐树木,以备木料。主要有锯、斧,斤为辅助等
	破材工具	用于按照尺寸规定和要求,破材解料。主要工具为框锯。框锯之大者,俗称"大锯"。特殊形式的框锯,如挖锯等,可以在板枋上加工出曲线状的边缘
	刨削工具	用以平整木料,使其圆润、光滑。主要有铇(刨)、平木刮、铲、锄(镃)以及铨、镞、锸等
	斩凿工具	用以制作榫卯。主要用钻、锤、斧等
	测量工具	用以确定方正、长度、厚度等尺寸。如曲尺
	画线工具	画线作为加工时的尺度参考。主要为墨斗,是木工画线的必需工具
泥工工具		用于和泥、抹泥。和泥用的锹、锸,抹泥用的泥刀、大铲、枅和镘、泥抹、拍子,切割麻刀的刀具等
竹作工具		主要用于加工制作竹作工具。主要有劈刀等
彩画作工具		主要用于绘制彩画。主要有调料用的桶,绘制时的画笔、朴子等

第三节
营造思想与技艺成就

作为中国古代木构建筑技术成熟、完善和总结的阶段，宋代的木构建筑体系已具备了系统化、制度化、定型化的特征，其背后则是营造思想与技术水平的进步，这集中表现在它的一整套模数制度中。此外，各种技术手段和操作技巧也有了很大的发展和提高，如平面柱网出现减柱法和移柱法，加大了室内空间跨度，给人开朗明快的感觉；内外柱采用不等高、不等径原则，使荷载更为合理；采用角柱生起与侧脚，增加了建筑的稳定性和内聚力；斗拱尺度减小，数量增多，柱头与补间铺作（柱间斗拱）大体相同，使其在传递荷载、吸收横向震动能量方面的结构及构造作用有所增强，使受力布局更趋合理；各种木加工技术更趋完善，如普遍使用的卷杀做法；高层木构建筑出现了近似于现代高层建筑中的筒体与外框架相结合的结构形式，提高了高层建筑的刚度。

｜ 一、材份制度的意义 ｜

规格化的用材制度历经长期演变，在宋代发展为具有模数化的用材制度。可以说，在一系列的营造意匠中，反映宋代营造技术思想和

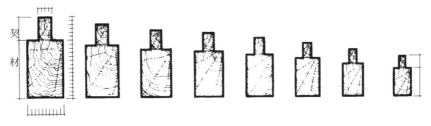

等级	一等材	二等材	三等材	四等材	五等材	六等材	七等材	八等材
尺寸	9寸×6寸	8.25寸×5.5寸	7.5寸×5寸	7.2寸×4.8寸	6.6寸×4.4寸	6寸×4寸	5.25寸×3.5寸	4.5寸×3寸
使用范围	殿身九间至十一间则用之	殿身五间至七间则用之	殿身三间至五间或堂七间则用之	殿身三间，厅堂五间则用之	殿小三间，厅堂大三间则用之	亭榭或小厅堂皆用之	小殿及亭榭等用之	殿内藻井或小亭榭施铺作多则用之

图2-29　八等材份制度

水平,并对整个木结构体系起到决定性影响的是此时的材份制度,见图2-29。材份制度的使用,使整个建筑中所有的构件都有了一个统一的比例单位,从而实现了建筑施工的标准化与模数化。所谓"材",就是一组斗拱中拱的断面,把这个断面划分为高15份,宽10份,其中每一份就成为一个单位。材又有单材和足材之分,单材高15份,足材则高21份,两者之差称为栔,栔高6份,宽4份。在实际设计和施工中,工匠们首先根据不同的需要择定材的尺寸,而后以其为模数,按比例定出柱、梁、檩、斗拱、椽和开间、进深、柱高、举折等尺寸,即所谓"凡构屋之制,皆以材为祖;材有八等,度屋之大小,因而用之[①]"。《营造法式》将材按需求划分为8个不同的尺寸等级,用于不同规模的建筑,同时规定"凡屋宇之高深,名物之短长,曲直举折之势,规矩绳墨之宜,皆以所用材之分,以为制度焉[②]",用材等级的选择决定了建筑的规模,使整个建筑物成为一个有着内在高度统一性的结构系统。

一等材:高九寸,厚六寸,用于九间至十一间大殿。

二等材:高八寸二分五厘,厚五寸五分,用于五间至七间大殿。

①、②李诫.营造法式·卷四·材[M]. 杭州:浙江人民美术出版社,2013.

三等材:高七寸五分,厚五寸,用于三间至五间殿、七间厅堂。

四等材:高七寸二分,厚四寸八分,用于三间殿、五间厅堂。

五等材:高六寸六分,厚四寸四分,用于三间小殿、大三间厅堂。

六等材:高六寸,厚四寸,用于亭榭或小厅堂。

七等材:高五寸二分五厘,厚三寸五分,用于小殿及亭榭。

八等材:高四寸五分,厚三寸,用于殿内藻井或多施铺作的小亭榭。

材份制度的重要意义表现在尺度方面,由于当时人们已认识到建筑的体量及尺寸感一方面取决于绝对尺寸的大小,另一方面则借助于相对尺寸的对比与衬托,因此在材份制度中规定,需要同一幢房子可以使用不同等级的材,比如有副阶(类似前廊)的殿宇,其"副阶材份减殿身一等①"。如果殿身(大殿主体)用二等材,则副阶用三等材,副阶等级降一级就意味着副阶所采用的构件都比殿身采用的构件在尺寸及数量上要有所减少,这样自然就衬托出殿身的高大壮观。在材份制度中还有所谓"殿挟屋减殿身一等,廊屋减挟屋一等,余准此②"的规定,这实际上也是控制建筑物尺度关系的方式。

材份制度的第二重意义是它内含结构与取料的合理性。按照材份制度的规定,木结构建筑中,主要受拉构件的断面高宽比呈现为3:2的比例常数,例如广三材的四椽草栿,其断面高45份,宽30份,高宽比为3:2。这种与今天结构力学计算结果不谋而合的经验比例数字,对梁的抗弯强度和断面高度的关系做出了明确的规定。同时,这种断面比例对于从圆木中截取长方形断面梁枋构件来讲,也具有较高的出材率。

同时,材份制度还具有构造意义和施工意义。中国的木构建筑是一种组合装配式的构造体系,即须先加工好各种构件,然后进行局部拼装,最后组成一栋栋房屋。特别是在大型项目的施工中,工匠们多采取专门化分工,各部件拼装组合的准确性有着提高效率的重要意

---

①、②李诫.营造法式·卷四·材[M].杭州:浙江人民美术出版社,2013.

义,而标准化的模数制则为这种拼装能够准确无误地进行和完成提供了保证。首先材份是标准化的,构件的加工方式和组合方式是标准化的,因而构件的构造节点及建筑物的各个局部做法也是标准化的,从而保证了整座建筑安装组合的准确性与可靠性。此外,当时的施工操作还未发达到主要依靠图纸来进行的水平,而是主要靠主持工程的督料匠进行口头交底,工匠们则是靠他们世代相传的一整套规矩来具体确定建筑的用料等级,从而进行各种构件加工。由于同一类型的构件,它们的材份尺寸是相同的,因而在不同等级的建筑物上使用时,只需记忆它的主要材份尺寸和简单的推算规则,而不用记忆其错综复杂的实际尺寸,这无疑极大地简化了计算、放线和施工操作过程,减少了施工误差,并提高了施工速度。可见材份制度对于中国古代建筑的内在同一性和群体和谐有着很重要的意义。材份制度不唯有其技术意义,还有其美学意义和文化意义。

材份制度在《营造法式》中体现得十分具体,对于统治阶级来说,材份制度的产生源于对"关防工料"的控制,而对于建筑史,却是承接汉唐发展至宋时的里程碑事件。到了清代,材份制度被斗口制度取代,清工部《工程做法》记载,清式建筑是以坐斗中安放翘、昂的斗口宽来作为标准模数的,看似与材份制度十分类似,但是已经更倾向于数字模数制度。

| 二、结构技术的进步 |

两宋是木构结构类型及其体系充分发展的时段,《营造法式》中明确提出了三种构架形式:殿堂式、厅堂式及柱梁作。

殿堂式构架主要用在高等级的建筑中,其结构整体性强,但用功用料多,制作的工艺要求也较高。由柱框层、铺作层、屋盖层三个水平

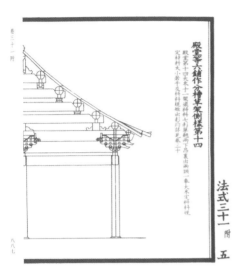

图2-30 六铺作分槽草架侧样

层次自下而上叠落而成。殿堂式构架的平面均为整齐的长方形,其平面形式取决于柱网的布置。考察唐代殿堂构架的基址中,柱网已经有"日"字、"回"字等布置形式,到了宋代发展为可供设计选择的定式。在《营造法式》大木作制度中记载了四种标准形式,分别为殿阁地盘身内单槽、殿阁地盘身内双槽、分心斗底槽以及金厢斗底槽。现存如正定隆兴寺摩尼殿、山西晋祠圣母殿都是殿堂式构架的典型,见图2-30至图2-32。

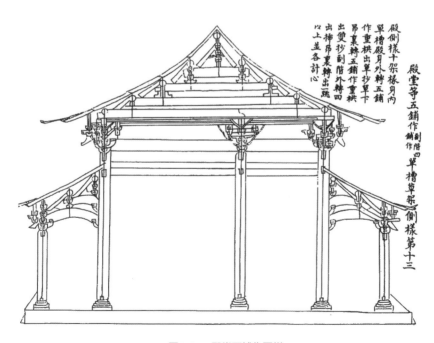

图2-31 殿堂五铺作图样

厅堂式构架则是在房屋间缝处各立一道横向垂直构架，由若干道构架并列，其间架设阑额、檩、椽、襻间构成房屋骨架的结构形式。各内柱随屋架举势逐渐升高，分别承托上架梁的梁首，其上再承槫。而其外侧之下架梁的梁尾则插入该

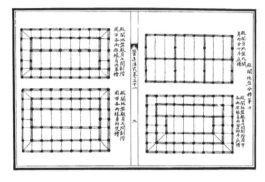

图2-32 《营造法式》图样分槽

柱柱身，通过梁柱的承托穿插，使构架连为一体，保持其横向的稳定。厅堂式构架多用在官署、宅第、祠庙等建筑中，其最大面阔、进深可达七间、十椽，室内不设平棊，皆作彻上明造，无草栿。通常厅堂式构架的铺作形式比较简单，一般采用四铺作，最多用六铺作，且以外檐铺作为主。厅堂式构架内柱的数量和位置可以根据需要选用不同的构架形式，具有一定的灵活性。《营造法式》在卷三十一中绘有厅堂类侧样18种，其形式按照每间缝上所用梁的跨度（几椽栿）和用柱数目来区分。宁波保国寺大殿、山西五台山佛光寺文殊殿、朔州崇福寺弥陀殿均属厅堂式构架形式。

《营造法式》中还提到一种只采用柱、梁搭建，一般不使用斗拱垫托过渡，或只使用单斗支替的结构形式，称为柱梁作。其实柱梁作至迟在南北朝石窟中已见其形象。《营造法式》卷五"举折"一节记载："举屋之法，如殿阁楼台，先量前后橑檐方相去远近，分为三分（若余屋柱梁作或不出跳者，则用前后檐柱心），从橑檐方背至脊槫背举起一份……"说明柱梁作构架多在"余屋"类建筑中使用。这种柱上直接承梁的构造形式，实际是厅堂式构架最简单的形式，相当于清代的"小式"建筑。造型多采用悬山顶，或加板引椽（俗称"雨搭"）。其结构虽然简单，却是十分通用的构架形式。在宋画《清明上河图》中所见的民居建筑结构许多都是柱梁作，再如廊庑、中小型住宅、商店、仓库、营房

等一般建筑也多采用①。

从现存遗构来看，除了以上三种建筑构架形式，同时期更有新的结构类型发展出来，如介于殿堂、厅堂之间的混合样式以及多层木结构体系。与前代相比，塔、楼阁等建筑形式的平面尺度较前代增大，形式也更为丰富，见图2-33至图2-35。

图2-33　佛宫寺释迦塔

图2-34　佛宫寺释迦塔剖面

① 郭黛姮. 中国古代建筑史·第三卷·宋、辽、金、西夏建筑[M]. 北京:中国建筑工业出版社,2009.

图2-35　河北正定隆兴寺慈氏阁

　　此外,伴随木结构建筑技艺的发展与成熟,其他类型的结构技术及形式也有了长足的发展。如该时期建造的一些石桥、石塔及砖塔就反映了砖石结构的成就。砖石结构主要集中在佛塔与陵墓类型的建筑中,塔的结构类型如厚壁或薄壁的单筒结构、双套筒结构、单筒带中心柱的结构等均有出现。木构件在结构中多充当抗剪、抗弯或是悬挑的构件,如木制的斗拱、平坐、挑檐或是门窗,在其结构中也用作木筋,增强结构整体的抗拉性。此时的砖石加工制作程序完整,异形砖、琉璃砖的制作也达到十分高的水平,砖石制作的建筑构件之精巧令今人赞叹。砖塔如河北定县的开元寺料敌塔,平面八角形,塔高约84米,共11级,是国内现存最高的砖塔。砖木混合的浙江松阳延庆寺塔,石塔如泉州开元寺双塔,模仿木构楼阁,平面八角形,共五层,壮丽精美。

　　就桥梁而言,两宋是我国古代桥梁营造技术发展的高峰时期,数量甚多,种类各样。从形式看可分为梁桥、拱桥、浮桥三种类型。石梁桥较竹木材料的桥梁更为经久,现在浙江省、福建省尚存数量较多的宋代石梁桥。由文献可知,福建泉州府历代所造的石桥中尤以宋代数量为最,最富技术意义的当属洛阳桥(也称"万安桥"),运用"养砺固基"的方式,通过在位于江底的石基上繁殖砺房,使整个石基成为一个整体,提升其稳固性。更有造型独具匠心的石梁桥,如绍兴八字桥,位于三条河流交汇处,根据实际需求建成了"两桥相对而斜"、形如八字的桥;再如山西晋祠圣母殿前的鱼沼飞梁,是我国唯一一例"十"字形石桥,见图2-36。除了纯石质的梁桥,宋代还建有大量的石墩木梁桥

图2-36　晋祠圣母殿前鱼沼飞梁

及伸臂木梁桥,如浙江省鄞州区百梁桥、鄞县老江桥,福建省永春通仙桥、泉州金鸡桥等。此时的拱桥也是载入世界桥梁史的骄傲,《清明上河图》中架于汴水之上的虹桥即宋代木拱桥的代表,见图2-37。有木拱桥,自然有石拱桥,以单孔石拱桥形式最为简单,现存如浙江嘉善流庆桥,即为单孔圆弧拱桥。此外,宋时还发展有敞肩圆弧拱桥和多孔联拱桥,拱桥的跨度越大,对于建造技术的要求越高。从结构技术的角度看,南宋时期石桥逐渐取代木桥成为主导,许多木制桥梁也在重建和修缮过程中"以石易木",其背后是南宋采石与石材加工技术的支持。一系列的技术如"筏型基础""睡木沉基",前述的"养砺固基",以及层层挑出的伸臂梁技术等在南宋时期均成熟和定型①。

图2-37 《清明上河图》中的虹桥

---

① 葛金芳.南宋桥梁数量、类型与造桥技术述略[J].暨南史学,2012(00):532-568.

第三章
宋代营造中的设计

第一节
规划与布局

两宋时期的建筑,无论是宫殿、陵墓,还是祠庙官署,都对院落群体的序列、对比和变化有了更高的追求,展示了中国传统建筑院落空间的艺术性。或是通过加深群组的纵向延伸,以一进进院落空间创造序列感和悬念;或是以多组附属空间烘托主体空间,进而组合成宏伟而有序的空间整体。不但空间造型更丰富、更完整,空间构思及手法也更精细、更具匠心。

一、宫殿建筑

两宋宫殿建筑的典型代表是北宋东京宫殿群与南宋临安宫殿群,二者都是在旧有宫殿的基础上扩建发展而成的。

1. 北宋东京宫殿

北宋东京的内城即为唐代的汴州城,后梁时作为东都升为开封府,同时修造了宫殿,成为后来北宋东京宫殿的原始基础。宋太祖开国之初,即对遗留下的宫室依照"西京宫室"(即唐洛阳城)为摹本扩建,将主要的大殿置于一条轴线上,通宣德门前御街,过州桥,一路向南经朱雀门、龙津桥,直至外城的南熏门,引五丈河水入皇城,"宫城周回五里",奠定了北宋宫城的基本规模。

从总的平面可见,整个宫城由一条横贯东西的大道分为南北两部分,南部正中是以大庆殿为核心群组的宫院,宫院南对宫城阙门——宣德门。宫院本身由廊庑东西围合,是此时较为典型的做法,横向分三路,最前为大庆门及左右日精门;中间即为大朝大庆殿,"朝会册尊号御此殿。飨明堂、恭谢天地即此殿行礼,郊祀斋宿①",其两侧廊庑中设左右太和门。大庆殿后又设有楼阁,与大庆殿以廊相通,成为"工"字形平面,阁后为后门,通达横街。大庆殿的西侧是文德殿院,内有东鼓楼、西鼓楼和与大庆殿相似的"工"字形文德殿。宫城的北部是以紫宸殿为中心的宫院,规模稍逊于大朝建筑群。据《石林燕语》记载,"紫宸殿在大庆殿少西",二者不在同一轴线上。在紫宸殿院之西及后面还设有常朝垂拱殿院和后苑。此外,宫城内还布置了一些附属庭院,分别作为寝宫、大宴、讲读和藏书之所。就总体布局来看,东京宫殿大致仍是前朝后寝的模式,其承袭多于变通,表现出较多旧宫改造的特点。其规模虽不如隋唐两朝宏大,但在布局、形式及与城市之间的规划关系等方面体现出更大的灵活性,为其后王朝的宫室营造提供了新的摹本,见图3-1。

2. 南宋临安宫殿

南宋临安宫殿由凤凰山东麓的杭州州治扩建而成,因其历史条件特殊,受政治局势和南宋财政情况的影响,营建之初的临安宫殿整体规模较小,宫室也不甚铺张。皇城依于凤凰山余脉,地形起伏多变,故而宫廷区的布局也因势利导,相机安排。《南宋古迹考》曾记"自平陆至山冈(自地至山),随其上下以为宫殿",形成了与以往僵化严格的宫城大异其趣的风格。

---

① 徐松.宋会要辑稿:方域一·东京大内[M].北京:中华书局,1957.

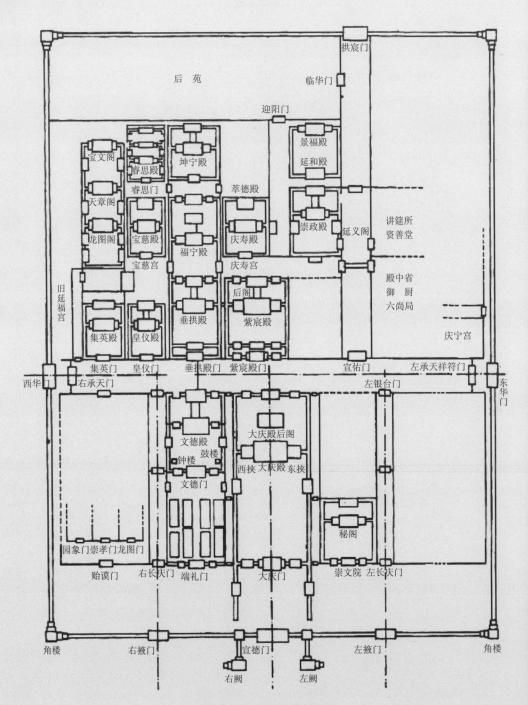

图3-1 北宋东京宫殿平面图

宫城南面辟有三门,正中曰丽正门,入门后即达于外朝区,迎面为大殿文德殿院。与过去一殿一用相左,文德殿已是一座名副其实的多功能建筑,根据场合用途的不同进行不同的布置,命以不同的殿名。《咸淳临安志》载:"文德殿,正衙,六参官起居,百官听宣布,绍兴十二年(公元1142年)建。紫宸殿,上寿;大庆殿,朝贺;明堂殿,宗祀;集英殿,策士;以上四殿皆即文德殿,随事揭名[①]。"过文德殿即达常朝垂拱殿院,虽然也被称为大殿,但其规模并不大。《宋史》记录:"其俯广仅如大郡之设厅""每殿为屋五间,十二架,俯六丈,广八丈四尺。殿南檐屋三间,俯一丈五尺,广亦如之。两朵殿各二间,东西廊各二十间,南廊

图3-2　皇城图

九间。其中为殿门,三间六架,俯三丈,广四丈六尺。殿后拥舍七间,即为延和,其制尤卑,陛阶一级,小如常人所居而已[②]。"可知垂拱殿建筑群应是围以廊院的两进院落组合,主殿垂拱殿位于第一进,五开间、东西置朵殿,第二进院落即为拥舍七间的延和殿,见图3-2。

内朝殿宇略多,布局也更灵活,如皇帝进膳之所嘉明殿、燕闲射习之所复古殿和御寝之所福宁殿等。至于后妃的寝宫,则有太后所居的坤宁殿、慈宁殿,皇后的秋华殿和慈元殿,以及嫔妃的东华堂、夫人阁等。另外,在朝寝区一侧还设有东宫,内有荣观、凝华殿及新益堂、瞻箓堂等,并设有讲堂、射圃、博雅楼和太子宫值舍等建筑。在宫城内的北部尽端是皇室的后苑,亭台楼阁与山林水景布置其间。从宫城内各区的分配来看,布局灵活的寝宫和园林在宫城中占有极大比重,它们的空间造型和艺术风格影响了整个宫殿建筑群的风格。就空间布局而

① 潜说友.咸淳临安志:卷一·行在所录·宫阙一(四库全书·史部十一·地理类).
② 脱脱.宋史·志第一百〇七舆服六[M].北京:中华书局,1985.

论,南宋宫殿建筑群的布局特点不唯在形制的淡化,更主要的是它不
恪守呆板的网格划分,而是因地制宜地创造出变化丰富的空间构图。

二、陵墓建筑

与汉唐陵分散选址不同,北宋皇陵出现了统一规划的陵区。皇陵
内从宋太祖父亲(赵弘殷)的永安陵起,到宋哲宗(赵煦)的永泰陵止,
共计七帝八陵,陵区中还有后陵、皇亲、功臣等300多座陵墓,均集中于
河南省巩义市(巩县)境内洛河南岸的台地上。它们在彼此相距不过
10千米的范围内,形成了一个庞大的陵区。从格局上看,皇陵中诸陵
的朝向基本一致,均坐北向南而向东微有偏角。整个陵区南部以嵩山
少室山为屏障,以陵区前的两个次峰为门阙,巧借自然,气度超凡,这
种集中的陵寝做法后为明清所继承。北宋陵寝的另一个特点是根据
风水观念选择地形,受《葬经》《地理新书》等书影响,当时盛行"五音姓
利"的说法,根据风水布局各陵地形东南高而西北低,一反前代建筑群
均由低至高并将主体置于最显赫位置的通行做法。

陵区中的诸陵都有自己一定的地域,称为"兆域",其内布置有作
为陵墓主体的上宫和供奉帝后遗容、遗物以及守陵祭祀用的下宫。按
风水之说,下宫要设计在上宫的西北,加上帝陵与后陵大多成双布置,
而后陵又位于帝陵西北,因此整个陵区的空间组合与秩序有着一种内
在规律。北宋帝陵的上宫制度大抵因袭唐代旧制,区别在于不依山起
坟,而是在墓上方起土,周围再由正方形平面的墙垣围绕,围墙四面各
辟神门,门外各设门狮一对、武士一对,中央即为方形截锥状的方上陵
台,其地下深处为"皇堂",即地宫。上宫南面,神门之外,是主入口的
导引部分,最南为双阙状的阙台,为正入口,其北为乳台,亦为双阙形
式,乳台北侧神道立望柱和石像生,自南至北依次为石象及驯象童(象

奴）、瑞禽、角端、仗马及控马官、虎、羊、使臣、武官、文官等，入南神门
又有宫人一对。这种布置的本意在于展示大国仪仗的象征，并杂糅以
祥瑞、驱邪的信俗内容。陵区内各陵制度相同，石刻内容及排列方式
也基本不变，只是尺寸略有差别。文献记载，当时皇陵中有专人负责
种植柏树，称为"柏子户"。各神道两侧柏树成行，陵区四周密植柏林，
即便是陵台上也遍植柏树，整个陵区内木冠相连，一片苍翠，尤其突出
了陵区空间环境凝重、肃寂的气氛，见图3-3。

　　与唐陵相比，宋陵的单体制度改变不大，主要是在规模和尺度上
做了较大的缩减。作为宋陵代表的永昭陵，见图3-4，由阙台至北神
门，南北轴线长551米，神墙长242米，陵台底边边长各56米，高13米，
这个尺度只相当于唐乾陵陪葬墓永泰公主墓的尺度。规模和尺度上
的这种缩减虽然可以看作君权式微、国力衰弱所致，但同时也暗示着
宋人对陵墓观念的变化，即由崇高的个体形象创造向统一的群体环境
空间创造的过渡。

图3-3　宋永定陵

图3-4　宋永昭陵

宋室南渡后,诸帝在绍兴上皇山营建了临时性的陵墓,意待日后能归葬中原。这种临时性的陵墓虽然也有上下宫,但取消了石像生。皇帝死后将棺椁藏于上宫献殿后边加建的龟头屋内,以石条封闭,称为"攒宫"。攒宫前面设下宫,改变了北宋上下宫相互分离的布局。这种纵向轴线排列的下宫(祭祀行礼处的献殿)和龟头屋(墓室)布局,到了明清时代就演变为相当于下宫的棱恩殿及明楼和宝城地宫(相当于上宫)。由此看来,无论从陵区的总体设想,抑或从陵墓的制度安排,两宋时期无疑是中国古代陵寝制度的一个转折点。

三、寺庙建筑

两宋时代,寺庙规制日臻成熟和完备。在寺院布局中,前代以塔为中心的平面布局已少见,更为常见的是以佛殿为中心的佛寺。与以塔为中心突出高耸的形体效果不同,以佛殿为中心的佛寺则倾向于院落空间的气氛创造。道观祠庙空间布局的特征和手法大体与佛寺相近。

1.佛寺建筑

河北正定隆兴寺是现存宋代佛寺建筑总体设计的一个重要实例。全寺分前、中、后三个院落纵向展开,山门内为一长方形院落,钟楼和鼓楼分列于左右,中间为大觉六师殿(已毁),北进为摩尼殿,其前又有左右配殿。再向北入第二进院落,迎面为戒坛(已毁),环以围廊。透过围廊,高大的佛香阁、东西各两层的转轮藏殿、慈氏阁以及其他呈对称布置的楼阁、殿、亭等已隐约可辨。待穿过回廊,前述建筑豁然目下,一组大小有别、位置有序的建筑群在人们面前展示出构图瑰丽的空间组合,形成了整个佛寺建筑群的高潮。此后又有一座弥陀殿位于寺院北端作为结束,构成尾声,使整个布局显得十分完整,极富音律美。这组依中轴线作纵深布局的建筑群,自外而内,院落递进,殿宇重叠;形体高低错落,空间相互渗透,显示了精到的艺术匠心。另外,这种以高阁为全寺中心的布局方式,无疑是从唐中叶供奉大型佛像的做法演化而来的。同时,主要建筑向多层发展,陪衬的次要建筑随之相应增高,使规制更为宏伟,这也反映了宋代初期佛寺建筑探求竖向发展的一个特点,见图3-5、图3-6。

图3-5　隆兴寺部分布局

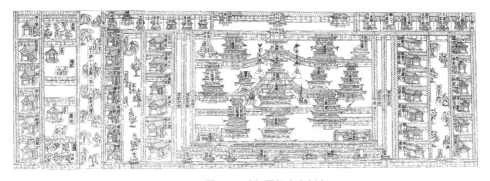

图3-6　戒坛图经南宋刻本

2. 祠庙建筑

两宋时期的祠庙建筑规制较少,空间布局也就更为灵活丰富。山西万荣县汾阴后土祠是一组规模宏大的祠庙建筑群,见图3-7。这组建筑总体平面呈横三路、纵六路的纵深布列形式,庙门之前是三座棂星门,庙门左右是通廊,廊端与前角楼相接。由大门向北通过三重对称布局的院落才可到达祠庙的主体空间,该空间以四面围廊组成廊院,廊院共两重,外院的主要建筑就是后土祠的正殿——坤柔殿。面阔九间,重檐庑殿顶,下部承以高大的台基,台基正面设左右阶,大殿左右引出斜廊与回廊相衔接,院中前部有一方台,台后有一个用栅栏围绕着的水池。坤柔殿之后为寝殿,寝殿与坤柔殿之间以廊屋连接成为"工"字形平面,与文献所记北宋东京的"工"字形殿大致相同。在中院主要廊院的两侧各有三座小殿,用廊子和中部廊院的东西廊相连,如

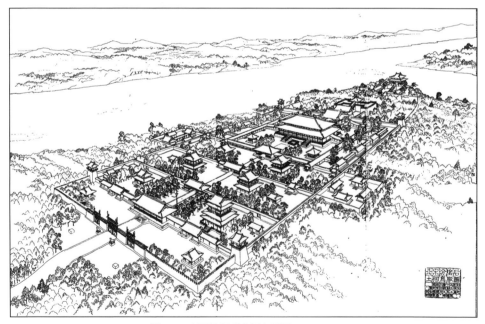

图3-7 山西汾阴后土祠鸟瞰图

此又把主廊院两侧分别划为四个小廊院。大小廊院之间既相互分隔,
又相互流通;既创造了丰富的空间变化,又有效地烘托出主体空间的
高大与宏伟,而六座呈纵向排列的小殿对横向展开的主殿也起到了同
样的作用。在廊院北端两侧又有两座角楼与南端角楼相互呼应,强调
了院落空间的主体性。在廊院之北,还有两进院落,前一进院落中隆
起一座高台,其上坐落着三间悬山顶小殿,其后又接一横向展开的
"工"字形高台,台上坐落攒尖四方亭,台和亭用廊、墙与主体廊院连成
了一体。最后的院落,其尽端为半圆形,中央设坛,坛上建重檐九脊
殿,坛左右又设有配殿。就建筑的外部空间而论,整个后土祠的布局
严谨而又不失变化,气势磅礴而又精细入微,通过层层院落空间的铺
垫、各种形象的建筑空间的对比穿插,产生了极为感人的艺术效果。可
惜在明朝末年,这座庞大的祠庙建筑群毁于水灾。幸运的是祠内的一
块刻于金代天会十五年(公元1137年)的庙貌碑还完整地保存到现在。

此外,河南济源市北宋济渎庙(图3-8)和登封金代中岳庙为规模
略小的国家级祠庙,这在二者现存的图碑中都有准确的反映。

图3-8 济渎庙玉皇殿

四、园林艺术

两宋时期,园事尤盛,无论是皇亲国戚、朝臣官员,还是文人画家商贾,兴土木,植花木,营园圃,历300余年未间断。其数量之多,范围之广,均创造园史上的纪录。在大兴园圃的同时,游赏园林也自然成为一时风尚。《东京梦华录》卷七载,北宋汴京居民每逢清明节时"往往就芳树之下,或园圃之间,罗列杯盘,互相劝酬。都城之歌儿舞女,遍满园亭,抵暮而归"《岁时广记》卷八云:"立春……民间以春盘相馈,有园者,园吏献花盘。"在中秋节,"贵家结饰台榭"赏月,一般的平民也是"欲就园馆亭榭……游赏命客"。当时有很多名园逢节日对外开放,邀人游赏。有的还将自己的园圃租借给他人用以款待宾友,可见当时游赏风气之盛。两宋时期这种造园和赏园的风气为宋代造园艺术的发展提供了必要条件,一方面是造园技巧的完备,另一方面是写意风格的成熟,由此奠定了宋代园林在中国古典园林艺术史中的重要地位。

1. 皇家园林

皇家园林至两宋时期有了空前发展,自汉唐的那种对宏大、壮阔、天然之美的追求,转向对细腻、幽深和人工性自然之美的追求,设计手法也由简单的模仿走向高度的提炼。东京城云集着北宋一众皇家园林,后苑、延福宫、艮岳、撷芳园……其中琼林苑、金明池、玉津园、宜春苑更被称为"东京四苑"。至南宋时以临安为行在,偏安的社会局面与杭州的湖山胜景使园林的建设较北宋盛况不减。著名者有大内的小西湖、德寿宫飞来峰、玉津园、富景园、樱桃园、聚景园、屏山园、延祥园、玉壶园、胜景园等。金代则有琼林园、春熙园、芳园、北苑、南园、大宁宫等。在所有这些皇家园林中,以北宋政和七年(公元1117年)兴建的艮岳展示了宋代皇家造园的极高水平。此园位于汴京城的东北,按八卦属艮位,园中又以万岁山为景观的主体,故称艮岳,又称华阳宫。其由宋徽宗亲自参与,耗费了极大的人力、物力,园内营建亭台楼阁,搜集了诸多奇石筑山,引水筑池,花木漫山傍陇,有记载的已有70多个品种,放养飞禽珍兽,收揽山川风物。艮岳的营建有其统一的总体构思,从文献对景观及景物的描述中可知,此园已有明确的景区划分,景观各有其意境,景物也各有其主题。整个万寿山园林景区周围有10余里,规模与气魄十分宏大,构思缜密。

图3-9　金明池争标图

此时的皇家园林并不全部为皇家独享,也具有一定的公共性,如金明池原是宋太宗检阅水军演习的场所,后来演变为龙舟夺标、百戏、竞渡的游嬉之所,可谓宋代的水上乐园,见图3-9。金明池每年三月向公众开放,宋人笔记载,"岁自元宵后,都人即办上池。邀游之盛,唯恐负于春色。当二月末,宜秋门揭黄榜云:三月一日,三省同奉圣旨,开金明池,许士庶游行,御史台不得弹奏①",是不容错过的假日时节。金明池开池的盛景,可一窥于柳永的词句中。

"露花倒影,烟芜蘸碧,灵沼波暖。金柳摇风树树,系彩舫龙舟遥岸。千步虹桥,参差雁齿,直趋水殿。绕金堤、曼衍鱼龙戏,簇娇春罗绮,喧天丝管。霁色荣光,望中似睹,蓬莱清浅。

时见。凤辇宸游,鸾觞禊饮,临翠水、开镐宴。两两轻舠飞画楫,竞夺锦标霞烂。罄欢娱,歌鱼藻,徘徊宛转。别有盈盈游女,各委明珠,争收翠羽,相将归远。渐觉云海沈沈,洞天日晚②。"

①周辉.清波别志·卷中(四库全书·子部).
②柳永·破阵乐.

与金明池一样开放的还有琼林苑,百姓可以设摊位买卖,吃喝游赏。《东京梦华录》记其园内名花众多,"素馨、茉莉、山丹、瑞香、含笑、射香"种种,入苑门后可见古柏怪松、石榴园、樱桃园等。皇帝也会在新科进士殿试之后在此赐宴,称为"琼林宴"。南薰门外的玉津园树木繁多,清静自然,因而有"青城"的称号。玉津园引河水入园形成池塘,池水、花树、良田参差交映,美景如斯。每年春月开放,供游人踏春赏景。玉津园还是一个名副其实的动物园,宋时番邦朝贡的珍奇异兽都豢养在玉津园。

2. 文人园林

文人园林并非宋时独有,上溯可至魏晋南北朝,后如唐代诗人王维的辋川别业、诗人白居易的庐山草堂都可视为文人园林的发展。其作为一种风格类型在两宋更为盛行,学者刘托先生将宋代文人园林的风格概括为"简、舒、雅、野"四个特点[①]。宋时多文人主政,胸中多有"山中风月,亭台几所,花木千栽"的向往,也有时事进退的感怀,诸如司马光、苏舜钦、苏轼、王安石等文人都广泛参与造园活动。他们擅诗书、通画艺,使园林中的自然更融于书画的意趣、文人的品格。园林为文人打开一扇门,是另一个世界中与自我、与世界、与自然的对话形式,一定程度上成为文人生活和精神的承载。文人园林把人的思想情感,特别是封建文人的种种情操和品格融入景观中,追求诗化的意境,对植物的选择更追求人格化的审美情趣,石、池的布置经营多为表达自我情致的寓意,咏月吟桂,拜石敬竹,莫不成风。

---

① 刘托.两宋文人园林[D].北京:清华大学,1986.

第二节
形制与造型

| 一、形 制 规 定 |

宋代建筑在形制等级上有明确规定:"凡公宇,栋施瓦兽,门设桎栭(行马)。诸州正牙门及城门,并施鸱尾,不得施拒鹊。六品以上宅舍,许作乌头门。父祖舍宅有者,子孙许仍之。凡民庶家,不得施重拱、藻井及五色文采为饰,仍不得四铺飞檐。庶人舍屋,许五架,门一间两厦而已[①]。"房屋在用料、构造、建筑式样上都有差别:用料方面,殿阁最大,厅堂次之,余屋最小。《营造法式》规定房屋尺度以"材"为标准,"材"有八等,根据房屋大小、等级高低而采用适当的"材"。其中,殿阁类由一等至八等,均可选用,厅堂类就不能用一、二等材,余屋虽未规定,无疑级别更低。对于同一构件,三类房屋的材用料也有不同的规定。例如柱径:殿阁用二材二契至三材,厅堂用二材一契,余屋为一材一契至二材。梁的断面高度,以四椽栿和五椽栿为例:殿阁梁高二材二契,厅堂不超过二材一契,余屋准此加减。槫的直径:殿阁一材一契或二材;厅堂一材3份,或一材一契;余屋一材加一、二份。三类建

---

① 脱脱.宋史·志第一百〇七·舆服六[M].北京:中华书局,1985.

筑的用料有明显的差别,是特为屋面荷载差异而设计的科学反映。

| 二、组 合 形 体 |

　　营造理念的进步与结构技术的娴熟促使宋代建筑形式更加丰富,在造型上发展出许多新的特点。较唐代而言,宋代的建筑造型更富于变化,组合形体日趋丰富,除却单一的几何平面,发展出诸如"十"字形、"丁"字形、"工"字形等平面形式,并在此基础上进行组合。宋时,建筑物在主体建筑正、侧面添加抱厦的设计增多,自然形成了新的屋顶组合形式。如正定隆兴寺的摩尼殿,就是此种新形式发展的代表,大殿平面呈"十"字形,其上覆重檐歇山顶,四面正中均出山花向前的歇山顶抱厦,庄重中显露柔美。梁思成先生称其"只在宋画中见过",是"艺臻极品",见图3-10至图3-13。

图3-10　正定隆兴寺摩尼殿

图3-11　宋画中的屋顶形象1

图3-12　宋画中的屋顶形象2

图3-13　宋画中的屋顶形象3

对于以屋顶为主要造型手段的中国传统木构建筑,组合形体无疑具有诱人的表现潜力,如宋画中描绘的滕王阁形象,主体采用"T"字形重檐重楼,四周配合以双层单檐楼座和单层单檐的抱厦及回廊,组合形成集中且主次得当、完整又变化多端的布局,特别是它那一色的歇山式屋顶,纵横交错,此消彼长,渲染并增强了其"飞阁流丹,下临无地"的造型效果。再如黄鹤楼图中所描绘的以"十"字形脊屋顶的主楼为中心,两侧伸展出单层的廊庑,前面两隅接重檐单层的小阁,后面再连以单层的小殿。所有屋顶均采用歇山式,造型丰富华美,风格纤巧。另如宋人张敦礼所绘《松斋层楼图》,图中有两层重檐的朵殿,其正前方连以一座屋顶呈圆拱状的水榭,整体造型在高下、大小及疏密安排上都较合宜。主阁的屋顶为了与朵殿的歇山式屋顶取得呼应,在攒尖顶的两侧伸出悬山面。这样,既加强了组合体造型的统一,同时又强调了组合体的轴线和朝向。在宋画《寒林楼观图》中,建筑的主体横向展开,在第二屋顶上拔出第三层,同时在正立面突出一个二层阁楼,使造型更具整体感。见图3-14至图3-17。

图3-14　宋画《千里江山图》中的"十"字形建筑

图3-15　宋·张敦礼《松壑层楼图》

图3-16　宋画《寒林楼观图》局部

图3-17　宋·李嵩《水殿招凉图》

｜ 三、单 体 造 型 ｜

　　在单体的造型形式上,两宋建筑自唐朝简朴、浑厚、雄壮的风格逐渐向工整、精巧、柔和及绚丽方向发展。宋代建筑的主要结构仍以木

1.飞子	9.罗汉方	17.柱木楫	25.驼峰	33.乳栿(明栿月梁)	41.地栿
2.檐椽	10.柱头方	18.柱础	26.蜀柱	34.四椽明栿(月梁)	42.副阶檐柱
3.橑檐方	11.遮椽版	19.牛脊槫	27.平梁	35.平棊方	43.副阶乳栿(明栿月梁)
4.斗	12.拱眼壁	20.压槽方	28.四椽栿	36.平棊	44.副阶乳栿(草栿斜栿)
5.拱	13.阑额	21.平槫	29.六椽栿	37.殿阁照壁板	45.峻脚椽
6.华拱	14.由额	22.脊槫	30.八椽栿	38.障日板(牙头护缝造)	46.望板
7.下昂	15.檐柱	23.替木	31.十椽栿	39.门额	47.须弥座
8.栌斗	16.内柱	24.襻间	32.托脚	40.四斜毬文格子门	48.叉手

图3-18 殿堂式构架示意

或砖石为主。木结构建筑以每缝梁架为一个单元。纵向由下至上分为三大部分:砖石结构的阶基,是为下分;柱、梁的支撑结构,并以墙体为围护结构,以及斗拱层,是为中分;屋顶,是为上分。见图3-18。

1.下分

基础夯实后,就可以砌筑建筑的基座部分,建筑下部的基座宋时称为阶基。《营造法式》中规定殿堂阶基的尺寸,是按照殿堂的间广、间深加之阶头的广来确定的。阶基可用石或条砖垒砌,建造时,角柱用在殿阶基的四角,其上安置角石,四周采用叠涩座,上施压阑石,下施土衬石;叠涩各层上下出入五寸,称为"露棱";束腰高一尺,使用隔身版柱、壶门造作为装饰。

2.中分

(1)梁柱 以每缝层层叠叠的梁架为横向单元,再加上纵向的枋和槫等拉牵构件,连接组合在一起。根据屋顶造型的形象不同,对横向和纵向的构件进行加减,从而形成了庑殿、悬山、盝顶等不同形象的屋顶造型。梁的类型大致可分为四类:檐栿、乳栿、札牵与平梁。梁上或置缴背、槫栿板。屋内彻上明造者,梁头相叠处用驼峰。驼峰分鹰嘴、两瓣、搭瓣、毡笠驼峰等多种样式。若施平棊,之上施草栿,乳栿之上亦施草乳栿。丁栿之上,别安抹角栿。角梁下,施隐衬角栿。衬方头施于梁背头之上。

柱依位置分作平柱、下檐柱、角柱等,依形态分为直柱、梭柱。柱下用楮,置于柱础上,柱有生起、侧脚等做法。柱头上施阑额,下施由额,屋内者称为屋内额。角梁有大角梁、子角梁、隐角梁之别。平梁之上,或有侏儒柱、叉手,梁上用栋。屋两际出槫头之外安搏风板,撩檐方至角帖生头木,槫上用椽,檐外另加飞檐。椽之间端用大连檐,飞之间端用小连檐。

出现在唐代建筑的柱子侧脚和生起的构造方式,在两宋时期得到了更多应用。在《营造法式》中对柱子的侧脚和生起已有了明确的规定,如侧脚在正面为柱高的1%,在山面为柱高的0.8%;柱子的生起在面阔三间时为二寸,在九间时为八寸等,即间数越多,生起也越高。侧脚和生起这两种做法除其结构意义外,在造型上主要是为了矫正视觉误差,增加屋身的稳定感和轻快感,现存遗构中以北宋崇宁元年(公元1102年)的山西晋祠圣母殿最为明显。除侧脚和生起外,宋代木构建筑的柱子本身,其造型装饰也更趋丰富,不但柱子的梭状曲线更为柔和与流畅,而且除圆、方、八角柱形外,又出现了瓜棱柱(蒜瓣柱),实例如宁波保国寺大殿。另外,此时还开始大量使用石柱,柱身上往往镂刻各种华丽的花纹,实例如登封少林寺初祖庵、苏州罗汉院大殿等。见图3-19至图3-23。

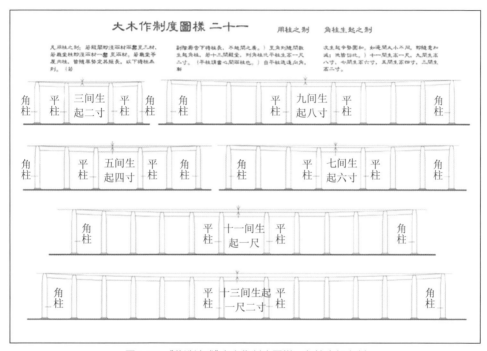

图3-19 《营造法式》大木作制度图样 角柱生起之制

图3-20 晋祠圣母殿

从立面造型观察,宋代建筑的开间尺度逐渐增大,且逐间跨度呈现更明显的递减,形成了主次分明的屋身外观。同时,柱身与面阔之比增大,开间呈竖向的矩形,有异于唐代横向扁平的开间比例。后者所产生的是矜持稳重的风格,而前者则更趋于轻盈干挺。从唐代大明宫含元殿(公元663年)的发掘资料看,其明间、次间都是等跨度的5.29米,仅最边缘一间为4.85米;唐代佛光寺大殿(公元857年)也呈现相同的样式,正中的五间皆为5.04米,只有最边一间为4.40米。宋代建筑的开间尺寸则多从明间开始依次递减,如山西晋祠圣母殿,当心间4.98米,次间4.08米,梢间3.74米,尽间3.14米。此外,王贵祥先生在分析大量遗构的基础上,提出唐宋时期单檐建筑的檐高与柱高之间存在着$\sqrt{2}$的比例关系[1],见图3-24。

图3-21　保国寺大殿瓜棱柱

图3-22　初祖庵雕花柱1

图3-23　初祖庵雕花柱2

---

①王贵祥.关于唐宋单檐木构建筑平立面比例问题的一些初步探讨[J].建筑史论文集,2002,15(1):50-64,258-259.

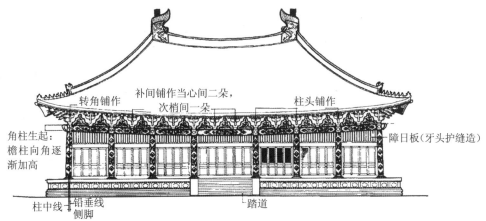

图3-24　宋式建筑立面示意图

（2）斗拱　宋代称斗拱为铺作，按种类，拱可分为华拱、泥道拱、瓜子拱、令拱、慢拱等。昂分上昂、下昂。斗分栌斗、交互斗、齐心斗、散斗等。铺作即斗、拱、昂、爵头等组合的总称。栌斗上施泥道拱，其上施华拱或昂出跳，再上施瓜子拱、令拱或慢拱等。"铺作"一词除了指斗拱的组合，也为其层层相叠的形式计数，出一跳谓之四铺作，至八铺作止。铺作依位置分柱头铺作、补间铺作、转角铺作等，依跳之上是否安拱，又分作计心、偷心两类。

从斗拱的造型与形式来看，宋代斗拱比例缩小，数量增多，装饰性也有所增强。对比唐代建筑的斗拱多表现为雄大有力，在整体建筑造型中呈现壮硕的力量感，宋代斗拱风格更偏纤巧。从现有的唐代遗构来看，柱高与斗拱立面的比例大多处于5∶2至2∶1。至北宋中期，斗拱立面高度大多为柱高的30%，整体造型也就随之显得更加柔和。此外，对比唐代补间铺作形式较为简单、出跳少或是补间不施斗拱的做法，两宋时期采用补间铺作的做法渐多（南方地区较多），部分建筑增至两三朵，出跳数也和柱头铺作一样了。实例如福州华林寺大殿，前檐明间采用两朵补间铺作；北方地区如登封少林寺初祖庵大殿，前后檐的当心间都使用了两朵铺作。再者，柱头与补间铺作中开始运用斜拱，其形制是

图3-25　隆兴寺摩尼殿斜拱　　　　　　　图3-26　南吉祥寺正殿斜拱

在进深方向内外出跳的同时,又在45°斜向增加出跳,或是向左右60°方向出跳。实例如河北正定隆兴寺摩尼殿(公元1052年)以及山西陵川南吉祥寺正殿(公元1030年)等[①],见图3-25、图3-26。

3. 上分

(1)举折与生起　中国古典建筑屋面沿进深方向的剖切线是一个凹曲线,古称反宇向阳,宋时称为举折,其作用是在造型上起到削弱因屋面庞大所造成的沉重感和僵硬感。所谓举折,实际上是一种屋面坡度的规定或做法,"举"是指由檐檩至脊檩的总高度;"折"是指用折线去确定由檐檩至脊檩的各檩高度的方法。宋代的一般做法是先定举高,体量较大者举高为普通进深的1/4,较小者为1/3,然后作檐檩至脊檩的连线,即为总坡度线,继而由上至下再定出各檩的高度。具体的算法为:靠脊檩的下一檩的高度由总举线下降总举高的1/10,作此檩与檐檩的连线,即为第二坡度线。再下一檩又从第二坡度线下降总举高的1/20,再作连线,再往下则下降上一坡度线的1/40、1/80……直至脊檩,最后形成一条上陡下缓的屋面曲线。不同举高的确定使两宋时期建筑的屋顶曲线较唐代更为陡峻高拔。如现存山西五台山唐代南

---

① 徐新云.试论"斜拱"形制之发展演变[M]//徐怡涛,高曼士,张剑葳.建筑考古学的体与用.北京:中国建筑工业出版社,2019.

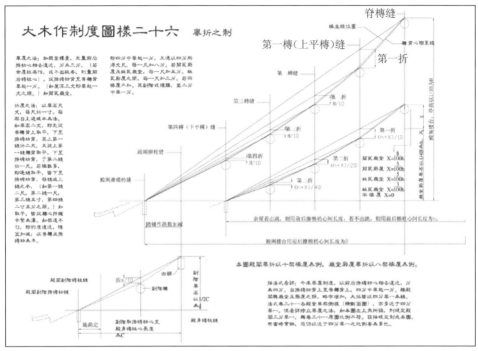

图3-27　《营造法式》大木作制度图样:举折之制

禅寺大殿和佛光寺大殿的举高仅为1/6～1/5,而现存同时期如辽代的奉国寺大殿、开善寺大殿及北宋初祖庵的举高则依次为1/4、1/3.9和1/3.18,不同的举高选择使屋顶产生了不同的比例和风格,见图3-27。

宋代建筑的屋顶除进深方向呈一凹曲之外,沿面阔方向也有相应的凹曲,称为屋面的生起。其做法是在各檩尽端加设生头木,从而做成内低外高的弧线。比较辽代奉国寺大殿与唐代佛光寺大殿,由于前者生头木比后者要长得多,因而形成的曲面更为柔和。屋面生起的另一种做法是调整各檩下短柱的高度,使各檩本身自然形成内低外高的弧线,实例如河北正定隆兴寺摩尼殿。此外,由于屋面有生起,因而屋顶的正脊也随之形成了中低边高的曲线。

(2)推山与收山　两宋时期,在庑殿式建筑中产生了一种做法,称"推山",即将正脊向两侧山面推长,其目的是矫正庑殿顶由于透视产生正脊缩短的错觉。由于正脊两侧延出,使原来屋盖平面投影呈45°斜线的四条戗脊向两山外弯曲后再相交于正脊,从而使戗脊从任何角度观看都是一条曲线。

与庑殿的推山相对,收山(歇山式)屋顶则是将山花自山面檐柱中线向内收进,其目的是使屋顶不过于庞大,同时也使正脊、垂脊和戗脊有更为良好的比例。

(3)起翘 屋角的起翘至宋代已普遍成为一种强化造型的手段。从实例中所见,宋时屋角起翘轻逸高扬极富动势,如晋祠圣母殿、开元寺仁寿塔等。至于表现在宋画中的屋角起翘就更具飘逸的神韵了,如南宋马远的《踏歌图》、李嵩的《夜月看潮图》等,将它们与著名的西安大雁塔门楣石刻所展现的唐代佛殿形象相对照,可以看出其间明显的差异。两宋屋角显著的起翘与结构的演化存在着一种内在联系,在结构与构造的变化过程中,由于受力需要,转角45°的椽子逐渐发展为角梁,从而造成角梁上皮与椽子上皮的高差增大,但为构造上铺设望板的需要,又须将角梁与椽子的上皮取齐,如此遂为屋角起翘提供了内在的结构依据。到了五代以后,由于斗拱尺度的明显缩小,外跳距离随之缩短,从而使椽子与角梁的作用加大,特别是角梁的断面加大,遂使宋代建筑屋角起翘的强化成为可能,见图3-28。

图3-28 南宋·马远《踏歌图》(局部)

第三节
空 间 设 计

| 一、组合空间的设计 |

与丰富的组合形体发展相适应,两宋时期建筑的空间设计也日趋丰富。由于中国传统木构建筑的材料和技术的限制,单体建筑的内部空间一般不会十分高大宽敞。伴随对使用空间更高的需求,两宋以来特别注重发展多样化的组合空间,结构技术的进步使壮丽复杂的单体空间成为可能,也为室内空间的造型提供了变化、对比等可能性。两宋时期组合式内部空间在形式构成上主要表现为集中式和流通式两种。

集中式如宋画中的滕王阁、黄鹤楼及《寒林楼观图》《松壑层楼图》中表现出来的空间形式等,在集中式空间组合中,由于建筑的整体由不同开间、不同进深、不同柱网布置以及不同层高处理的各部分集合而成,因而内部空间出现了变化非常丰富的形象。以滕王阁为例,该建筑的底层主体空间呈"T"字形,高大宽敞,但朝向赣江突出的一翼面积稍小,难以形成观景面。故而在临江一侧增建了一道横向的单层歇山式抱厦,并以侧廊与主体空间相互齿合,使内部空间延通。抱厦与回廊在尺度上远逊于主体,从而更适于游客驻足观赏,同时反衬主空间的高大。在主空间的两侧,是横向突出的楼阁及门廊,强调着主空间的中心位置,同时也强调了整个组合空间的朝向。由于它的首层高度与前面的抱厦及回廊的高度相接近,因而很自然地使人们把它们看作环绕主空间的次空间。在组合体的二层部分也表现出了相似的处理手法,如此形成了既主次有序又多样变化的有机空间组合。比滕王阁更为常见或较为简单的集中式空间,是对称地在正殿的一侧或各侧添设龟头殿(抱厦),形成有大小及主次对比的室内空间,如隆兴寺摩尼殿,即在歇山顶的正殿四面出龟头殿。此外,宋代流行的"工"字形殿也是随室内空间要求的增长而发展起来的组合空间形式,见图3-29、图3-30。

图3-29 宋代《滕王阁图》(明·仇英临)

与集中式不同,流通式空间主要是靠体量相近的建筑物相互贯通或交错而成,从而创造出曲折流转、步移景

图3-30 隆兴寺摩尼殿

异的组合式内部空间,殿、阁、廊、庑或彼此相通,或以庭院相连,曲折凹凸,很有流通空间的特点。

| 二、单体空间的设计 |

随着功能要求的变化,单体的室内空间有了更精细的处理,这方面的表现以宗教建筑最为典型。由于殿堂内一般都供奉神佛造像,因而建筑如何与雕塑相互配合,如何创造能满足人们观瞻膜拜的使用要求与相应的精神要求,就自然成为佛殿室内空间处理的突出问题。概括起来,两宋时期的佛殿有以下几个特点:首先是使佛像所处的空间特别高大,以空间对比来强调佛像的相对重要性;其次是使造像处在一个相对独立、完整的空间内;最后是使造像前景开阔,减少遮挡,以便于瞻视,同时提供足够的膜拜场地。这些特点的背后,是设计者在进行空间布置时采用了一系列独具匠心的营造手法。

一是广泛采用佛坛,用佛坛抬高造像,从而也就抬高了瞻仰佛像的视角,这样可以增加佛像的庄严感。与此同时,佛坛限定出一个与凡人活动区域独立的特殊空间。这个空间在建筑进深的中部而略偏后,它是室内空间最高大和前景最开阔的部分。佛坛后侧一般都建有扇面墙,扇面墙的两侧常向前围合,从而使佛像所占空间更加完整。

二是配合功能要求,合理地安排柱网,留出较为开阔的瞻仰空间。在同时代的建筑中(现存多为辽、金建筑),减柱与移柱的做法开始出现,形成更加灵活的平面柱网形式。较为典型的做法如山西晋城青莲寺大殿(公元1089年),开间与进深皆为三间,平面柱网中除外围的十二根檐柱外,减去了殿内前部的两根金柱;再者,如山西榆次的永寿寺雨花宫(公元1008年,已毁),式样与青莲寺大殿类似,只是设置了一个前廊,平面柱网中去掉了室内后部的两根金柱;开间七间、进深四间的金代五台山佛光寺文殊殿也只使用了两根前柱,这种变化在扩大使用空间的同时,视觉效果上更加开敞,为室内留出了较为开阔的瞻仰空间。与减柱相应的还有移柱的做法,河南嵩山少林寺的初祖庵(公元1125年)也是三间进深,虽有前柱,但其后部两柱又向后移了半间,同样起到了开阔前景的作用;再如建于公元1020年的辽宁义县奉国寺大殿,面阔九间,进深五间,前部内柱位于进深的一间半处;山西大同华严寺大雄宝殿,中心五间的两侧横柱均向内错入半个开间,打破了严格的方格网布局,使前、中、后三个空间都有较为合适的尺度:前部入口空间使人不感到局促,后部的进深则提供了足够观赏后沿佛龛造像的距离,中部空间高大轩敞。这种处理与唐代五台山佛光寺相比较,无疑更进了一步,见图3-31、图3-32。

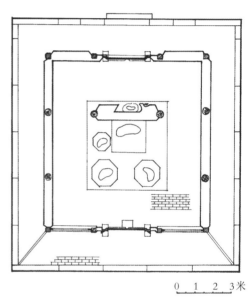

0　1　2　3米

图3-31　晋城青莲寺大殿平面图

三是随着佛寺供奉的佛像体量不断增大,出现了以佛像为中心来组合空间的楼阁建筑。宋代楼阁建筑所存较少,具有代表性的实例,当是建于辽统和二年(公元984年)的天津蓟县独乐寺观音阁。这座开间五间、进深四间的楼阁,在其内部正中偏后安置着一尊高达16米的观音塑像。为容纳这尊塑像,室内中部空间贯通三层,围绕着中部空间,二、三层由内柱挑出勾栏,人们可以围绕着勾栏瞻礼佛容。在由下向上

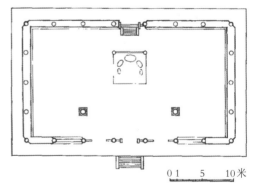

0 1　　5　　10米

图3-32　佛光寺文殊殿平面图

的空间造型和结构造型上,设计者采用了一系列手法,如二层的勾栏较大,井口为长方形,三层井口平面缩小,是长六角形。在佛像顶部上方,又有更小的八角形藻井。这种几何形状的变化和尺寸的递减强调和夸张了向心力和崇高感。由下向上仰视,富有变化和韵律感的空间构图产生了强烈的透视错觉。一抹光线由第三层的窗洞中射进室内,映现出菩萨慈悲的面容,更升华了内部空间的艺术构思,使其宗教气氛更为神秘和浓重,见图3-33、图3-34。

图3-33　蓟县独乐寺观音阁

图3-34　蓟县独乐寺观音阁内景

第四章
宋式建筑的营造技艺

第一节
前期准备与基础工艺

| 一、辨 方 正 位 |

在施工开始之前,首先需要确定建筑基址的南北朝向,并对基址进行找平。古代的工匠们依靠北极星和太阳的方位来确定南北朝向,《营造法式》中称为"取正"。李诫在"看详"中表明,"今来凡有兴造,既以水平定地平面,然后立表测景、望星,以正四方[1]",是他考据了《诗经》与《周官·考工记》中关于定向的做法后,并以此为基础而修立了取正之制。《诗经》曰:"定之方中;又:揆之以日。"此处的"定",指的是定星,也称为营室星;"揆"是估量、测度的意思,即根据"定"和"日"来作为南向的依据。《考工记》载:"置槷以垂,视以景,为规,识日出之景与日入之景;昼参诸日中之景,夜考之极星,以正朝夕[2]。"槷即观测日影的木杆,写明了古人利用日出、日落、日中之影及北极星来确定方位的方法。对此,《周髀算经》中有更为详细的记载:"凡日始出,立表而识其晷,日入复识其晷,晷之两端相直者,正东西也。中折之指表者,正

---

① "景"在古时有表示影子的意思,后写作"影"。
② 闻人军.考工记译注·匠人[M].上海:上海古籍出版社,2008.

南北也。"立表的同时以表为中心画圆，在圆周上记下表日出、日落之影与圆的交点，再连接各交点之后就能确定东西南北的方向。可见，中国古代的匠人们很早就掌握了确定方位的方法。

宋代对于定向技术有更加明确、详尽的记载，主要使用的工具有景表、望筒及水池景表。景表由直径一尺三寸六分的圆版以及高四寸、直径一分的表两部分组成，使用时，先将景表放置于基址中央，记录表在阳光下投射的最短的影子，此时即日中正午之时。然后将望筒施于其上，望筒的主体是一个高度一尺八寸、上下底面长宽各三寸的方形长筒，长筒两端各开一个小孔，并在筒身的正中，用轴将其固定于两旁的立颊之间，使其可以上下转动；立颊高三尺，宽三寸，厚二寸。此时以望筒指南，令阳光透过望筒的两孔；入夜后再以望筒指北，于筒南的方向望，使前后两孔内正见北极星。此时，在望筒的前后两端各垂绳向下，画下望筒两孔垂直于地面的两点，连接两点，即为正南与正北。在关于"取正"问题的研究中，学者们对于此处景表充当的角色产生过不同的意见。有的学者认为，景表在此的功用是确定日中的时间，"捕获太阳处于正南方的这一时刻，故此处景表不直接用于定向，而是供测时之用，仅相当于钟表而已"[①]；也有学者提出异议，"如果不依靠景表提供的'最短之景'，则'昼望'无法实现[②]"。笔者认为，此处无法单纯定性景表的功用问题，通过景表的使用来确定日中之时，用望筒记录太阳方位角，是彼此相依的两步，本身就建立在正午时太阳处于正南方这一事实基础之上。

如果遇到地势偏斜不正的情况，使用景表和望筒取正之后，可再用水池景表进行校对。水池景表由立表和池板两部分组成，立表高八尺，宽八寸，厚四寸；池板长一丈三尺，中间部分宽为一尺，并于一尺的

① 乔迅翔.试论《营造法式》中的定向、定平技术[J].中国科技史,2006(3):247-253.
② 白成军,王其亨.宋《营造法式》测量技术探析[J].天津大学学报(社会科学版),2012,14(5):417-421.

宽度内刻线两条,作为立表日影的标准线(《营造法式》注明夏至顺线长三尺,冬至长一丈二尺);一尺之外的四周开一圈宽与深各八分的水道,注水用于定平;立表垂直安置于池板一侧。使用时,令立表在南,池板在北,以立表所投射的日影长度与标准表影长度相比较,使日影在刻线之内,则以池板所指及立表的中心线为正南方。

定平采用的工具主要是"水平"及"真尺"。"水平"的主体是一个长二尺四寸、宽二寸五分、高二寸的矩形长木,横置于长四尺的立椿上,两头各开一个方一寸七分、深一寸三分的池子,长木身内开宽度与深度各五分的水槽;于两头的池子内各放置水浮子一枚,水浮子方一寸五分,高一寸二分,其上部被加工成厚一分的薄片状,便于其浮于池内;也有在横木的中心位置再开一池的情况,此时需增置一枚水浮子。基址定向完成后,依据位置,在场地四角各立一标杆,将"水平"放置于标杆围合的空间中心。随后,向水槽内注水,使水浮子浮起,此时令"水平"对准标杆,于"水平"一端望两头水浮子之首,遥对标杆,在标杆上画下记号,便可以确定地面的高低了。

关于"水平"形制构造的最早记载,可见于唐代李筌所著的《太白阴经》"水攻具篇"第三十七:"水平槽长二尺四寸,两头中间凿为三池。池横阔间一寸八分,纵阔一寸,深一寸三分。池间相去一尺四寸,中间有通水渠,阔三分,深一寸三分。池各置浮木,木阔狭微小于池,空三分。上建立齿,高八分,阔一寸七分,厚一分,槽下为转关脚,高下与眼等以水注之,三池浮木齐起。眇目视之,三齿齐平,以为天下准。或十步,或一里,乃至十数里,目力所及,随置照板。度竿亦以白绳计其尺寸,则高下丈尺分寸可知也。照板形如方扇,长四尺,下二尺,黑上二尺,白阔三尺,柄长一尺,大可握度,竿长二丈,刻作二百寸两千分,每寸内刻小分,其分随向远近高下立竿,以照板映之,眇目视之,三浮木齿及照板黑映齐平,则召主板人,以度竿上分寸为高下,递相往来,尺寸相乘,则水源高下,可以分寸度也。"至宋仁宗时期,由文臣曾公亮与丁度编纂的《武经总要》中①，亦记载了与《太白阴经》中几近相同的"水平"。这些记载都早于《营造法式》，但都作为兵书中的作战工具被记载，因其作用范围远远大于建筑用地范围，故具体操作时需要度竿和照板的配合。除此，《营造法式》中记载的"水平"使用方法与上述二书大致相同。在定平时遇到气候寒冷或不方便取水、用水等原因造成的特殊情况时，"即于桩子当心施墨线一道，上垂绳坠下，令绳对墨线心，则上槽自平，与用水同，其槽底与墨线两边，用曲尺较令方正②"，这种操作方法其实与真尺的原理更为相近。真尺是在一条长十八尺、宽四寸、高二寸五分的横木中心安放一根高四尺的垂直木杆而成的组合构件，并在垂直木杆上自上而下画一道墨线，同时放置一根重锤线，通过两线的平行来确定所测平面的水平。

｜ 二、基 础 施 工 ｜

1.夯筑基础

在定向与定平工作完成后，需对平面基础位置进行划定，即施工放线，宋代称为"标拨"。目前匠人们在施工时，往往在定向后，以四根立桩牵引线绳合围成四边，并自线正上方撒白灰，以白灰撒落地面的

---

①《武经总要》前集卷十一·水攻："水平者，木槽长二尺四寸，两头及中间凿为三池，池横阔一寸八分，纵阔一寸三分，深一寸二分，池间相去一尺五寸。间有通水渠，阔二分，深一寸三分。三池各置浮木，木阔狭微小于池，箱厚三分，上建立齿，高八分，阔一寸七分，厚一分。槽下为转关，高下与眼等。以水注之，三池浮木齐起，眄目视之，三齿齐平，则为天下准。或十步，或一里，乃至数十里，目力所及，置照版、度竿，亦以白绳计其尺寸，则高下、丈尺、分寸可知，谓之水平。照版，形如方扇，长四尺，下二尺黑，上二尺白，阔三尺，柄长一尺，可握。度竿，长二丈，刻作二百向两千分，每寸内小刻其分。随其分向远近高下。其竿以照版映之，眄目视三浮木齿及照版，以度竿上尺寸为高下，递而往视，尺寸相乘。山岗、沟涧、水之高下浅深，皆可以分寸度之。"
②李诫.营造法式·卷第三·定平[M].杭州:浙江人民美术出版社,2013.

印痕为准,开挖基础。挖基槽需找准中线,然后按照规定尺寸,确定宽度后向两面下挖。木结构建筑大多使用浅基础的做法,对于基址应"相视地脉虚实①",并规定了基础的开挖深度最深不得超过一丈,最浅不得少于五尺或四尺。在具体工程中,还需根据土质和建筑实际情况进行。对于基础,自然土质松散,通常不足以承受建筑的荷载,所以需要人工夯筑基础,或直接就土铺填,或从其他地方"取良土易之",或用碎石砖瓦、黏土、石灰等夯筑,《营造法式》中载有具体的筑基程序:

"每方一尺,用土二担;隔层用碎砖瓦及石札等,亦二担。每次布土厚五寸,先打六杵(二人相对,每窝子内各打三杵),次打四杵(二人相对,每窝子内各打二杵),次打两杵(二人相对,每窝子内各打一杵)。以上并各打平土头,然后碎用杵辗蹑令平;再攒杵扇扑,重细辗蹑。每布土厚五寸,筑实厚三寸。每布碎砖瓦及石札等厚三寸,筑实厚一寸五分。"

可知宋代基础的夯筑材料除黄土外,也有掺入多层碎砖瓦、石渣等,正定隆兴寺转轮藏殿的基础即瓦渣基础的实例。在现在的实际工程中,施工时多采用明清时期习惯的做法,即以灰土夯筑以充实地基。土壤和石灰是组成灰土的两种基本成分,石灰与土的最佳体积比为3:7,即通常所说的三七灰土。石灰大多选用生石灰磨细成粉,或者使用块状的灰浇适量的水,放置24小时成粉状的消石灰。夯打时使用木墩,两边各横置一杆,二人对立,每手单握一杆,似抬轿一般,同时抬起、落下,每夯各叠压半部,横纵成排。在基础夯实后,需根据柱础的位置在其正下方砌筑磉礅,并在柱础与柱础之间砌筑砖或石质的拦土墙;拦土墙纵横成排,整体呈"井"字状,这种做法在巩固基础的同时也更好地传递了荷载。

---

①李诫.营造法式·卷三·筑基[M].杭州:浙江人民美术出版社,2013.

2.砌筑阶基

建筑下部的基座宋时称为阶基，两宋之时，木构建筑大多是坐于阶基之上的，但经过历代修缮，阶基的原貌我们无法完全掌握。按形制的不同，宋代阶基可以归纳为普通阶基和叠涩座两类。普通阶基的使用范围较广，做法上也比较灵活；多使用砖垒砌，最上层铺设压阑石或压阑砖；角部使用角柱石，其上安置角石，但厅堂类的建筑大多不使用角石，也用砖来替代。

叠涩座一般用于殿堂建筑中，也叫须弥座，做工考究，多雕刻有精美的佛教故事、人物、花卉等，以砖或石垒

图4-1　隆兴寺大悲阁佛坛须弥座

砌而成，因砖、石两种材料不同，砌筑方法也略有差异。石制的须弥座，上部以压阑石围合，下部砌筑土衬石，上下层层叠涩出入（也称"露棱"）五寸，其间的束腰使用隔身版柱、壶门等装饰，见图4-1。

如按砌筑材料的不同，则可以归纳为石质阶基和砖制阶基两大类。殿堂建筑的阶基多为石质垒砌，使用长三尺、广二尺、厚六寸的条石围合，上施压阑石，下施土衬石，四角分置角柱，角柱上施角石。角石通常跟随建筑的需要，或素平，或雕刻花纹及动物等样式。殿堂的阶基多做成叠涩座的形式，所谓"叠涩"，即层层出挑的垒砌形式，束腰部分使用隔身版柱，每段作壶门为装饰。砖制的阶基大多使用条砖：

"殿堂、亭榭，阶高四尺以下者，用二砖相并。高五尺以上至一丈者，用三砖相并。楼台基高一丈以上至二丈者，用四砖相并。高二丈至三丈以上者，用五砖相并。高四丈以上者，用六砖相并。普拍枋外

阶头,自柱心出三尺至三尺五寸。其殿堂等阶,若平砌每阶高一尺,上收一分五厘。如露龈砌,每砖一层,上收一分。楼台亭榭每砖一层,上收二分[①]。"

如果用砖垒砌须弥座,需高一十三砖,每层的出入通常三分至七分,最大不可超过一寸,束腰两重,高分别为一层和三层砖厚。殿阶基通常使用角柱石,需与砖砌须弥座相配合。

踏道主要由踏步、副子和象眼组成,踏道的材质和高度都需配合阶基来确定,宽度则根据建筑的开间决定,长度需达到阶基高度的一倍。《营造法式》规定每步踏石的高度为五寸,宽为一尺。踏道的两边需做副子,各宽一尺八寸,副子即踏道两边斜坡状的条石,清式称为"垂带"。踏道两边副子之下,三角形的立面处,做成层层叠套的样式,直至中心处成为凹入的"象眼"。叠套的层数根据踏道的高度由三层到六层不等的条石砌筑,如阶高在四尺五寸至五尺,需做三层叠套;阶高在六尺至八尺,做五层或六层叠套;每层较其外层向内深二寸。若用砖垒砌踏道,则采用方一尺二寸、厚二寸的砖,踢面高四寸,即用两砖相并,踏面除去上下叠压的二寸,宽度为一尺。"若阶基高八砖,其两颊内地栿,柱子等,平双转一周;以次单转一周,退入一寸;又以次单转一周,当心为象眼。每阶基加三砖,两颊内单转加一周;若阶基高二十砖以上者,两颊内平双转加一周[②]。"即当阶基高度为八砖垒砌时,踏道两侧立面做成三周叠套的样式,最外面的一道以相平的两砖转一周,中间的一周为单砖转一周,并向内收入一寸的距离,中间即为象眼。同时,每当阶基的高度增加三砖,两侧面就增加一周单砖线;当高度增至二十砖时,最外两周都做成"平双转"。可见就其侧面的式样来说,与石质踏道并无二致,现存实例可见河南少林寺初祖庵大殿,见图4-2。

在目前具体的施工活动中,对于阶条石及压阑石,需先用钢钎和

---

①、②李诫.营造法式·卷十五·砖作制度[M].杭州:浙江人民美术出版社,2013.

图4-2　少林寺初祖庵象眼做法

铁锤切割修整,凿出卯口备用。安放时,石条下先用灰泥坐底,若位置不正,可用长的钢钎插到石条底下,利用杠杆原理移动。此时相邻两石条间塞以木料,以防止互相挤压损坏或移位过大。摆好后,再用木墩敲击落实,并用水平检测。同时,踏道最下一踏之外的平地,需跟随踏道材质做出线道,石质踏道即在平地施宽同踏面的土衬石。在完成踏道主体的砌筑后,需对踏步进行剁斧处理,使其表面凹凸不平,以利防滑和行走。值得注意的是,踏道的砌筑工作是在整个建筑主体完成之后进行的,为的是防止因建筑主体重量可能引起的阶基沉降而带来的踏道断裂。

3.柱础制安

柱础的存在除了传递建筑的荷载之外,一定程度上也可以阻隔地下的湿气侵入柱底,起到防潮的作用。柱础的尺寸是由柱径决定的,《营造法式》规定"其方倍柱之径",即柱径若为二尺,则柱础为四尺见方。柱础的厚度是由柱础大小决定的,《营造法式》同样做出了规定,若柱础方一尺四寸以下,每方一尺,柱础厚八分;若柱础方三尺以上,"厚减方之半[①]";如果柱础方大于四尺,则都以三尺厚为标准。宋时的

---

① 李诫.营造法式·卷三·石作制度·柱础[M].杭州:浙江人民美术出版社,2013.

柱础大多是直接安置在夯土基础或瓦渣基础之上的,将石料加工成规格的柱础后,将其运至现场安放。在实际的施工中,安放柱础时,需确保各柱础处于同一水平面,安第一块柱础时应挂线反复校量,作为柱础上表面的标高基础;之后安其余柱础,皆以相邻柱础上表面为标高标准,以真尺校正。覆盆柱础需在确定盆唇大小后,以墨线标示出,覆盆高度为础方的十分之一;而盆唇的厚度为覆盆的十分之一,然后依照墨线凿出盆唇,在盆唇上方中央部位凿出卯口,用来固定柱子。若需雕刻花纹,则在柱子安装完毕后,以墨线将花纹描画于柱础之上,以钢钎和斧子沿线雕琢而成。

第二节
大木作制作与安装

　　作为传统营造技艺最核心的部分,大木构架的搭建如同人体骨骼,是一座建筑的重中之重。中国传统建筑的木构架,下层是由柱子、额枋组成的柱框结构;上层则是由斗拱、梁、檩等组成的梁架结构。大木构架的完成从立柱开始,首先需支搭大木脚手架来维护营造活动的安全,宋代称"棚阁""鹰架[1]";而后从当心间开始立柱,绑临时戗杆,固定位置,并依次立好次间、梢间的柱子;按先下后上的次序,安装梁、

---

[1] 李诫.营造法式·卷十二·竹作制度:"竹笍索,造绾繫鹰架竹笍索之制:每竹一条(竹径二寸五分至一寸)劈作一十一片;每片揭作二片,作五股辫之。每股用篾四条或三条(若纯青造,用青白篾各二条,合青篾在外;如青白篾相间,用青篾一条,白篾两条)造成,广一寸五分,厚四分。每条长二百尺,临时量度所用长短截之。"

枋、蜀柱、槫、椽、檐等各部构件。梁柱是建筑的支撑结构,以层叠的梁架为横向单元,再加上纵向的枋和槫等拉牵构件,连接组合在一起,是负载屋顶重量的坚实力量。

无论是考察现存的宋式遗构,或是根据《营造法式》的规定,都可以看出,宋代匠人对于木结构构造及其力学的性能都较前代有了更加深入的了解,建筑结构的进步使宋式建筑产生了许多不同于前代的特点,例如角柱生起与侧脚的广泛应用,增加了建筑的稳定性和内聚力;各种木构件的加工技术也更趋完善,如露明的斗拱、梁、枋普遍使用卷杀的做法,利用较小的柱料拼合而成的瓜棱柱,以及多种复杂榫卯的应用。

一、大木构架的搭建

1. 柱子制安

柱子是支撑整个建筑真正的主角,在确定建筑的形制和用材等级之后,便可按模数制确定柱径以加工柱材。选好柱料后,先确定柱子的上、下头,柱子的直径以小头计。用铲去掉树皮,在柱料两端根据柱径分中,用方尺画出"十"字中线,然后依据"十"字中线放出八卦线,即"四六分八方"。所谓"四六分八方",是以柱心为圆心,以柱子直径的40%为距[①],分别在两条中线的上下左右各画一条直线;再以直径的60%为距,仍以柱心为圆心,按上步再做4条直线。此时,依次连接前4条直线与后4条直线的交叉点,即得到一个八边形。沿八边形的各边,锛裁荒料,即得到一个八棱柱;以八棱柱各边三等分,顺序相连各分

[①] 需要注意的是,此方法中所指的柱子直径,并非当下采用柱材的直径,而是按材等规定最终需要制成的柱子的直径。

点,即得到一十六边形;沿十六边形锛裁,以此得到一近似圆柱体的木料。之后使用刨对柱身进行细加工,使其光滑,即可完成柱料的基础加工。在具体的施工过程中,由于柱料数量较多,可预制好一八边形样板,固定在柱头上,沿边画线亦可。

制作好的柱材还需处理为卷杀的形态,称为"杀梭柱",是宋时柱子加工十分明显的特征。"杀梭柱"即将柱子均分为三段,上、下1/3段渐收,形成中间粗、两端细的梭形。加工时需先将柱头留出宽于栌斗底四周4份的宽度,其外部分均分成里、中、外三份;柱子的上1/3段亦均分成上、中、下三段。杀梭柱时,先去掉柱子上1/3段全部的最外侧一份,其次去除柱子上1/3段之中上段的中份,然后再去掉柱子上1/3段上段的里份;最后,用刨子将上段顶部4份长度与柱头顶宽出栌斗底的4份部分做成覆盆状,使得顶部尺寸与栌斗底同。柱头顶部的里、中、外三份,可按尺寸预制好圆版,使用时固定在柱头,按外、中、里的顺序,沿圆版画出需裁减掉的部分即可。

完成柱子圆径的加工后,需对柱子纵向的细节进行处理。宋式营造中,柱子的高度是由柱"生起"决定的,所谓"生起",即从当心间两柱向角柱渐次升高的做法。根据开间数量不同,生起亦不一致,如根据《营造法式》的规定,三间生起二寸,五间生起四寸,七间生起六寸,九间生起八寸,十一间生起一尺,十三间生起一尺二寸。生起时,自当心间平柱向两侧逐间进行,"令势圜和,如逐间大小不同,即随宜加减[①]"。同时,安装时需令柱首微向内收,柱脚微向外出,称为"侧脚"。"侧脚"的存在,使得柱中线与柱身垂直线存在一定偏差,增强了整座建筑的内聚力。通常,平柱侧脚1%,角柱侧脚8‰,且面阔与开间两个方向同时存在,柱首与柱脚均需裁切,以与垂直线保持垂直。加工时,需在柱子底部凿出管脚榫,柱头侧面亦做出卯口,用于之后安装额枋等构件。在柱身及柱子两头分别画出侧脚线与十字中线,以待安装时

---

① 李诫.营造法式·卷五·柱[M].杭州:浙江人民美术出版社,2013.

校正用。在具体施工时,将柱子吊起后,以侧角线为垂线,吊坠校勘;同时,柱础上方多画出"十"字中线及侧脚线,以与柱子中线及侧脚线吻合,便于柱子准确安放到位;安放后,需在柱身前后打斜戗支撑,以固定柱子,见图4-3。

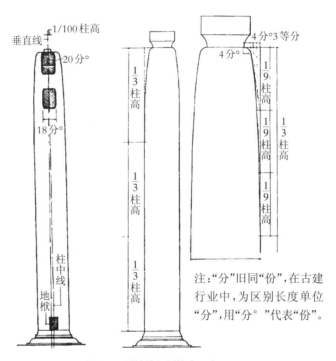

注:"分"旧同"份",在古建行业中,为区别长度单位"分",用"分°"代表"份"。

图4-3 杀梭柱与侧柱脚示意

2. 阑额制安

柱子安装完成后,即可进行柱间阑额的安装,阑额是水平置于柱间的拉结构件,同时承担补间铺作的重量。阑额的宽度与高度由建筑选材的等级来确定:"造阑额之造,广加材一倍,厚减广三分之一[①]",其长度则根据开间大小而变化。阑额两头出榫,长至柱子的中心线,以嵌入柱子上部两侧的卯口中,从而起到拉结柱与柱的作用。加工阑额

[①] 李诫.营造法式·卷五·阑额[M].杭州:浙江人民美术出版社,2013.

时,其两侧各做四瓣卷杀,每瓣长8份。如建筑不用补间铺作时,阑额的厚度只需取其宽度的一半即可。与阑额相似,大于阑额的外檐额方称为檐额。《营造法式》规定檐额的宽度为两材一契至三材,"如殿阁即广三材一契或加至三材三契[1]";檐额下需加绰幕方[2],"广减檐额三分之

图4-4 阑额

一,出柱长至补间,相对作沓头或三瓣头[3]"。宋式营造中的绰幕方多做成沓头绰幕或蝉肚绰幕,形式比较简单。绰幕方的存在使柱、枋间形成了一个稳定的三角空间,在增强抗剪强度的同时,拉结柱、枋使其保持角度,不易变形,见图4-4。

由额安置在阑额之下,广减阑额二份至三份。如建筑有副阶,则安置在峻脚椽之下;如果没有副阶,即随宜加减,令高下适中即可。屋内额,广一材三份至一材一契,厚取广三分之一,长随间广,两头至柱心或驼峰心。地栿是安置在两柱脚之间的木方,上与阑额相对,广加材二份至三份。厚取广三分之二,至角出柱一材。此类构件加工时均按尺寸放线制作,以锛、铲等制作荒料,以刨子刨平,用凿子制作卯口。卯口开挖至大致,在架子上再完成细加工。

值得注意的是,从现有的宋代遗构可见,部分建筑在阑额之上、柱与柱之间加置普拍枋。普拍枋并不是宋代出现的新构件,唐、五代时已有使用,宋时的普拍枋形态宽而扁,与阑额在断面上形成"T"字形,在结构上加强了柱额框架的稳定性,同时传递并分散了补间铺作荷

---

①、③ 李诫.营造法式·卷五·阑额[M].杭州:浙江人民美术出版社,2013.
② 绰幕方即清式雀替的先型,且至清代,《营造则例》规定了具体的雀替长度应为所在开间面阔长度的四分之一,且雕刻形式更为多样,装饰性更强。

载;普拍枋之间以"螳螂头口"或"勾头搭掌"类榫卯相连,使其连接牢固。实例如山西高平游仙寺毗卢殿、开化寺大雄宝殿、广州光孝寺大殿等。明清时称普拍枋为平板枋,其形态窄于阑额。

3. 梁的制安

梁主要包括檐栿、乳栿、札牵及平梁,梁的断面尺寸和梁的长度成正相关,不同类型的建筑对梁的强度要求也不同。《营造法式》中梁的断面高宽比为3:2,是有一定科学的强度与刚性的。梁上通常需要置缴背,并且用木楔与梁连接紧密,这种拼合的做法十分常见,也是为了提高梁身断面的强度[①]。梁按外形可分直梁与月梁,按加工的精细程度,可分明栿与草栿。梁栿在平棊之上为草栿,因并不外露所以加工并不需细致;若梁栿在平棊之下即为明栿,加工较为精细。明栿只承担平棊的重量,真正承担屋顶荷载的是草栿。梁的长度一般以椽的水平投影长度来计量,所谓札牵,即为长一椽的梁,并不承重,其梁首放在乳栿上的一组斗拱上,梁尾插入内柱柱身;乳栿即两椽栿,梁首放在铺作上,梁尾一般插入内柱柱身;两椽以上的均以椽数命名,如长五椽,即名五椽栿。平梁是梁架最上一层梁,是一道两椽栿。

月梁是经过艺术加工的具有一定弧度的梁,兼具柔、劲之美。凡有平棊的殿堂,月梁都露明用在平棊之下,只负荷平棊。屋架如果采用彻上明造,梁头相叠处需要采用驼峰,驼峰分鹰嘴、两瓣、搯瓣、毡笠驼峰等多种样式。驼峰安置于下一层梁背之上、上一层梁头之下,屋内如采用彻上露明造,则随举势高下而用。驼峰的长度为高度的一倍,厚一材。其下两肩或做入瓣,或做出瓣,或圆讹两肩,两头卷尖。在梁的具体加工中,需按设计尺寸,在木身上以墨斗打线,在梁头两端标记出中线,之后依据中线放出梁的断面线;再依制放并斫出梁背分瓣,形成分瓣卷杀、斜项、下颏。随后点出梁首铺作中线、斗拱外跳中

---

① "凡方木小,需缴贴令大。"李诫.营造法式·卷五·梁[M].杭州:浙江人民美术出版社,2013.

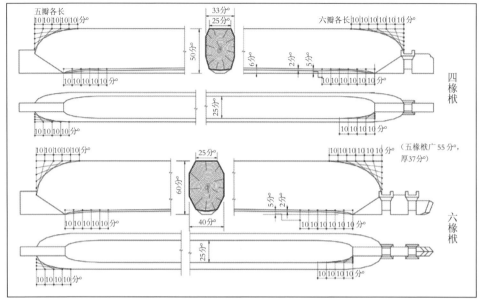

图4-5　大木作制度图样·造月梁之制

线及各椽架中线,用尺勾画到梁的各面;画出各部位榫、卯线,并标出需凿掉的部位;然后用刨、凿等凿出各部位榫、卯,刨光梁身,截出并按制做出梁头。加工完成后需复弹各面中线等安装对位线,按制圆楞,并在梁背上标写构件部位及名称,方便安装,见图4-5。

4.侏儒柱、搏风板、替木(联系及稳定构件)

侏儒柱又称蜀柱,泛指外形为矮柱的构件,即"山节藻棁"中"棁"的形态。本节所说的蜀柱,专指用于承托脊槫的矮柱[①],其高度一般根据举势的高下来确定;殿阁径一材半,余屋则根据梁的厚度加减。叉手和托脚是梁架中起稳定作用的斜构件,位于脊槫两侧的称为叉手,位于其他中、下平槫缝的称为托脚。用于殿阁时广一材一契,余屋随材,或加2份至3份,厚取广的三分之一。宋式建筑中多为侏儒柱与叉手并用,时至明清,叉手则渐渐不被使用。搏风板安于房屋两山面槫

①勾栏上用短柱穿过盆唇做成云拱瘿项,以承寻杖,也叫蜀柱。

头之外,广两材至三材,厚三3份至4份,长随架道。栌即替木,厚10份,高12份,位于外檐铺作最外一跳之上、橑风槫之下。《营造法式》规定:单斗上用时,长度96份;令拱上用时,长104份;重拱上用时,长126份。替木的两头需各下杀4份,上留8份,做成三瓣卷杀,每瓣长4份。若至出际,长与槫齐,见图4-6、图4-7。

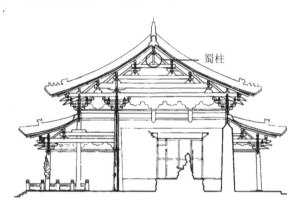

图4-6 蜀柱位置示意

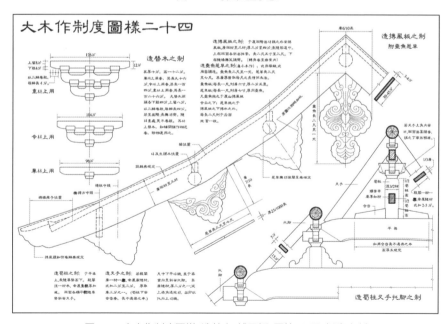

图4-7 大木作制度图样:造替木、搏风板、蜀柱、叉手、托脚之制

5. 栋(槫)及橑檐方

"殿阁槫,径一材一契,或加材一倍;厅堂槫,径加材三份至一契;余屋槫,径加材一份至二份,长随间广[①]。"槫至两梢间时,两际各出柱头。《营造法式》对出际的尺寸亦做出了详细的规定,如两椽屋,出二尺至二尺五寸;四椽屋,出三尺至三尺五寸;六椽屋,出三尺五寸至四尺;八至十椽屋,出四尺五寸至五尺。若殿阁转角造,即出际长随架。当橑檐方位于当心间时,广加材一倍,厚十份;至角随宜取圆,贴生头木,令里外皆平。至两头梢间,槫背上需各安生头木,广厚并如材,长随梢间,斜杀向里,令生势圆和,与前后橑檐方相应。在具体施工时,需在槫料两端弹出迎头"十"字线、八卦线,顺身弹线砍成八方、十六方,直至砍圆刮光。

| 二、铺作的构成、制作及安装 |

宋时将斗拱层层相叠出跳称为铺作,在构造上,应将铺作看作一个整体。铺作的主要作用是承托悬挑的屋檐,包括斗、拱、飞昂、爵头等构件。按种类拆解开来,拱可分为华拱、泥道拱、瓜子拱、令拱、慢拱等。昂分上昂、下昂。斗分栌斗、交互斗、齐心斗、散斗等。栌斗上施泥道拱,其上华拱或昂出跳,再上施瓜子拱、令拱或慢拱等。出一跳谓之四铺作,每出一跳增加一铺作,至八铺作止。铺作依位置分柱头铺作、补间铺作、转角铺作等,依跳之上是否安拱,又分作计心、偷心两类,从现存实例看,宋代斗拱开始转向计心造,见图4-8、图4-9。

从外形上看,铺作构件繁多复杂,实际可以按照性能将诸多构件分为两类,一类是起承重作用的部件,如栌斗、华拱、昂等;另一类是起

① 李诫.营造法式·卷五·大木作制度二[M].杭州:浙江人民美术出版社,2013.

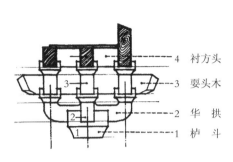

图4-8　四铺作示意图

4　衬方头
3　耍头木
2　华　拱
1　栌　斗

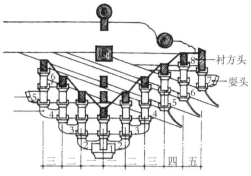

图4-9　八铺作示意图

8　衬方头
7　耍头

稳定作用的平衡构件,如瓜子拱、令拱、慢拱等与承重构件成"十"字相交的构件①。斗拱多以榆木、柞木等硬料制作,尤其是华拱、下昂等承重构件更需较强的抗剪力。在实际施工中,工匠们大多根据斗、拱各分件的尺寸,先制作一套样板;依样板在加工好的规格木料上画线,以锯解各个分件,然后以刨削光滑;较复杂的铺作,宜先试做一朵,组装无误后,再成批画线制作。"草验"铺作各分件后,按朵临时捆绑固定好,运至安装现场。安装铺作,需在普拍枋安装平正后进行,校直顺身中线,排好各朵铺作中距,在普拍枋上点画出每朵铺作的十字中线,确定中心,裁好暗销,继而从栌斗开始安装。斗底的十字线须与普拍枋上十字线对正对齐,然后依次在栌斗上安装泥道拱,并搭扣安装头跳华拱,拱两端分别用暗销再安装小斗。如此向上逐层按山面压檐面做法交圈安装斗拱,各层相同构件应出进、高低一致。同时安装其他枋、枨等构件。宋式铺作涉及檐柱生起,铺作的中线自然有一定角度的偏斜;同时,铺作构件较多,尤其是构件复杂的铺作,出榫与卯口在加工时不可能完全没有误差,在试装时,需对构件进行局部的修整、锯削,使其严丝合缝。

　　将斗拱拆解开来看,泥道拱是直接安置于栌斗口内的拱,长62份,每头四瓣卷杀,每瓣长3.5份。其上坐华拱与泥道拱相交,华拱也称为

①潘谷西,何建中.《营造法式》解读[M].南京:东南大学出版社,2005.

杪拱,位于柱头铺作时需用足材,若为补间铺作,可用单材;作为悬挑构件,料要选硬质的,以提高断面强度;长72份,若铺作多时,里跳减2份;七铺作以上,第二里外跳各减4份。六铺作以下不减,若八铺作下两跳偷心,则减第三跳,令上下两跳交互头畔相对。若平座出跳,杪拱并不减。华拱的两头需做四瓣卷杀,每瓣长4份。如果是骑槽檐拱,则随所出之跳加之,每跳的长度,心不过30份,传跳不过150份。华拱位于转角铺作时,则以斜长增加。瓜子拱安放于跳头。若五铺作以上重拱造,即在令拱内、泥道拱外用。长62份,每头四瓣卷杀,每瓣长4份。令拱施于里外跳头上,与耍头相交,及屋内槫缝之下。长72份,每头以五瓣卷杀,每瓣长4份。若里跳骑栿,则用足材。慢拱施于泥道、瓜子拱上,长92份,每头以四瓣卷杀,每瓣长3份。骑栿或至角时都需用足材。所有拱的宽厚都与建筑所用材相同,拱头上留6份,下杀9份,又均分为四大份。从拱头顺身量为四瓣,各以逐分之首,自下而上,与逐瓣之末,自内而外,以真尺斜对画定,然后斫造,或用锯直接截裁,然后用刨等工具削磨至平整、圆润。其他的三瓣或五瓣也都采用相同的做法。拱两头及中心均留坐斗的位置,其余则为拱眼部分,深3份。如用足材拱,则再加一契,隐出心斗及拱眼。凡拱至角相交出跳,称为"列拱"。每跳令拱之上只用素枋一重,谓之"单拱"。每跳瓜子拱上施慢拱,慢拱上用素方,称为"重拱",殿堂多用重拱计心造。开拱口,华拱于底面,深5份,广20份。口上当心两面,各开子荫通拱身,各广10份,深1份。余拱上开口,深10份,广8份。若角内足材列拱,则上下各开口,上开口深10份,下开口深5份。拱至角相连长两跳者,则当心施斗,斗底两面相交,隐出拱头,称为鸳鸯交首拱,见图4-10至图4-14。

斗是拱、昂、枋的支座,尤其是置于柱头之上的栌斗,承担了梁架与斗拱的巨大重量,长与广皆32份。施于角柱之上的,方36份,高20份。上8份为耳,中4份为平,下8份为敧。开口广10份,深8份,底四面各杀4份,敧頔1份。交互斗施于出跳的拱、昂之上,长18份,广16

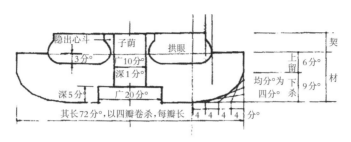

图4-10 华拱

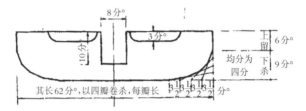

图4-11 泥道拱

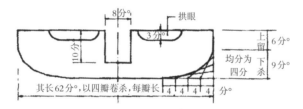

图4-12 瓜子拱

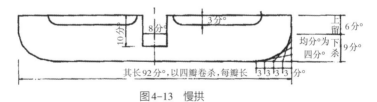

图4-13 慢拱

图4-14 令拱

份。齐心斗施于拱心之上,长与广均为16份;顺身开口。散斗施于拱两头,长16份,广14份。凡交互斗、齐心斗、散斗皆高10份,上4份为耳,中2份为平,下4份为䫜。开口皆广10份,深4份,底四面各杀2份,䫜颛半份。凡四耳斗于顺跳口内,前后里壁各留隔口包耳,高2份,厚一份半,栌斗则加倍,见图4-15、图4-16。

昂分为上昂和下昂。下昂用于外檐铺作的外跳,头低尾高,昂身向上,昂尖斜垂向下,昂尖的形式可分为三种,批竹昂昂面平直,形式更显硬朗,即在斗外直线斜杀至昂尖,唐、辽建筑中有诸多实例;较批竹昂形式和缓的

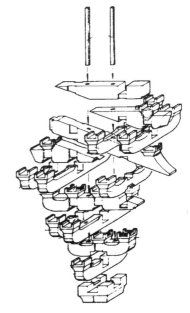

图4-15 铺作分解示意图

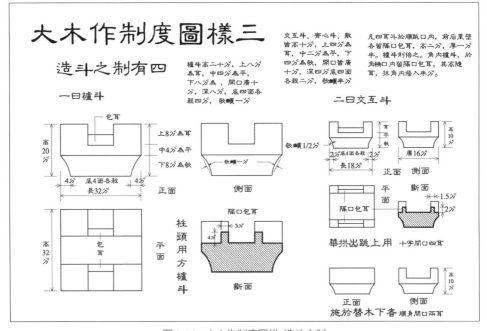

图4-16 大木作制度图样:造斗之制

是一种昂面凹入2份,呈圜和曲线的昂尖形式;此外还有在此种凹面昂的基础上,随凹面加1份讹杀至两棱的形式,其形式颇似古琴,故称之为琴面昂①。在一组铺作中,出跳的构件主要依赖华拱与下昂,出檐越远,出跳就越多。如需要深远的出檐时,全部采用华拱挑出,层数较多时,檐口必然过高,此时可采用下昂出跳,昂头向下斜出,既取得出跳的长度,又将出跳的高度降低了少许。《营造法式》规定,除了转角铺作的角昂用足材,其余皆使用单材,角昂以斜长加之,角昂之上,还需另施由昂。昂背斜尖,皆至下昂斗底外;昂底于跳头斗口内出,其斗口外用靴楔。与下昂相反,上昂昂头向上,只用于里跳,承托室内平棊或室外平坐,其作用也与下昂相对,可以在较短的出跳距离内取得挑得更高的效果,见图4-17至图4-19。

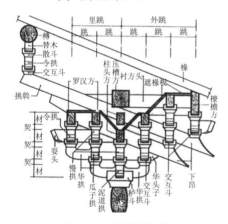

图4-17　下昂位置示意

图4-18　琴面批竹昂

爵头即要头,清式称为蚂蚱头。位于铺作最上一跳之上,齐心斗之下,与令拱相交。使用足材制作,自斗心出,长25份,自上棱斜杀向下6份,自头上量5份,斜杀向下2份,形成一处坡面,称为鹊台。以侧立面中线为心,向两面各斜抹5份,下随尖各斜杀向上2份,长5份。下

---

①《营造法式》卷四·飞昂:"一曰下昂,自上一材,垂尖向下,从斗底心下取直,其长二十三份。其昂身上彻屋内,自斗外斜杀向下,留厚二份;昂面中䫜二份,令䫜势圜和。亦有于昂面上随䫜加一份,讹杀至两棱者,谓之琴面昂;亦有自斗外斜杀至尖者,其昂面平直,谓之批竹昂。"

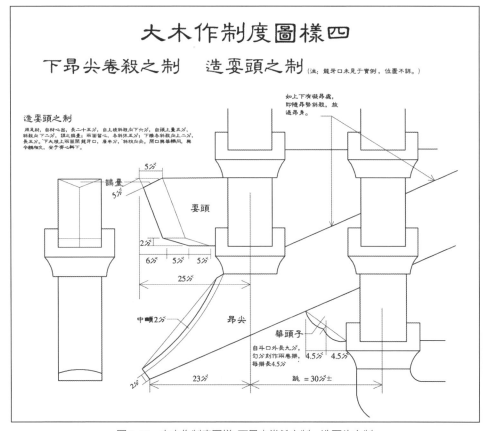

图4-19　大木作制度图样:下昂尖卷杀之制　造耍头之制

大棱上,两面开龙牙口,广半份,斜梢向尖。

三、椽檐翼角的做法

1.阳马

阳马即角梁,可分为大角梁、子角梁、隐角梁与续角梁[1]。按照规

---

[1]李诫.营造法式·卷五·阳马[M].杭州:浙江人民美术出版社,2013.

定,大角梁广28份至加材一倍,厚18份至20份,头下斜杀,长三分之二。子角梁广18份至20份,厚减大角梁3份,头杀4份,上折深7份。隐角梁上下广14份至16份,厚同大角梁或减2份。上两面隐广各3份,深各一椽分。从长度来看,大角梁自下平槫至下架檐头;子角梁伏在大角梁背上,随飞檐头外至小连檐下,斜至柱心;隐角梁随架之广,自下平槫至子角梁尾,皆以斜长加之。值得注意的是,子角梁长至角柱的中心线,而此处又接隐角梁,以致此处承重的构件只有大角梁,实质上破坏了结构的整体性,故清式即取消了隐角

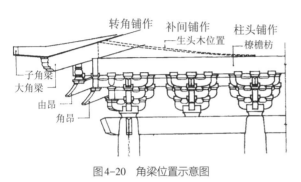

图4-20　角梁位置示意图

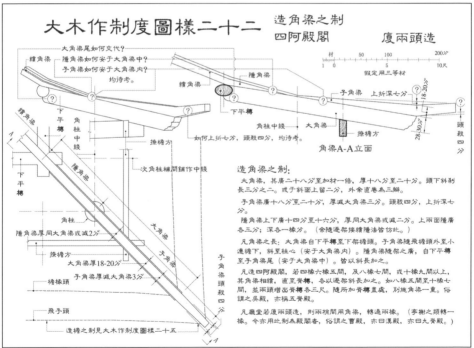

图4-21　大木作制度图样:造角梁之制

梁。角梁下需施隐衬角栿,在明梁之上,外至橑檐方,内至角后栿项,长以两椽材斜长加之。衬方头施于梁背耍头之上,广厚同材。前至橑檐方,后至昂背或平棊方。平棊方在梁背之上,广厚同材,长随间广,每间下安平棊方一道,见图4-20至图4-22。

图4-22 转角构造示意

为了方便施工,工匠们通常制作相应的样板,便于同类梁身的加工。制作时,依照样板在角梁各面分别弹线,锯出形状,再细致加工出角梁头尾的形状,最后复弹各线,标记位置号。

2.飞椽、望板、连檐

椽钉于两槫之间,"每架平不过六尺。若殿阁,或加五寸至一尺五寸,径九份至十份;若厅堂,椽径七份至八份,余屋径六份至七份。长随架斜;至下架,即加长出檐。每槫上为缝,斜批相搭钉之[1]"。安置时,所有的椽子都是椽头向下而椽尾在上,布椽需"另一间当心[2]",即让左右两椽间空当的中线对正每间的中线,不使一根椽落在间的中线上。若有补间铺作时,则"另一间当耍头心[3]"。围廊转角处的布椽需跟随角梁分布,令椽头疏密得当,并随上中架取直。"其稀密以两椽心相去之广为法:殿阁广九寸五分至九寸;副阶广八寸五分至九寸;厅堂广八寸五分至八寸;廊库屋广八寸五分至七寸五分。"如果屋内使用平棊,则根据椽的长短,令一头取齐,一头放过上架,当椽钉之,不用截短。制作时,椽子多选用杉木。正身椽可按设计,刮、刨成圆椽后直接制作安装。翼角椽则需先放实样,实样由平板材拼合而成,按翼角形状的

---

①~③李诫.营造法式·卷五·椽[M].杭州:浙江人民美术出版社,2013.

原大制作。先依空间及椽空当,计算确定翼角椽的数量,在实样上摆放,确定每根翼角椽的位置、长度以及尾部的宽度,并进行编号;其次依照确定的长度和宽度,用斧、锯等进行切割。椽的尾部可制作成扁平状,以利安放。制作完成后方可进行实际安装,安装时如有不妥,还可随宜裁割,见图4-23。

椽檐安放于橑檐方之外,出檐的深度取决于椽子的直径。《营造法式》规定:"如椽径三寸,即檐出三尺五寸;椽径五寸,即檐出四尺至四尺五寸。檐外别加飞檐。每檐一尺,出飞子六寸[①]。"飞子是加在椽檐之外的又一重椽,如椽径十份,则广八份,厚七份。飞子可用交斜解造,即将一根长条方木在中央部位斜向劈开,得到两根完全相同的方木。飞子制作也可先做出一个模板,然后依模板在方木上画线放样,依线锯割即可。在椽檐及飞子的头部需安置大、小连檐,大连檐也称为飞魁,广厚不越材;小连檐广加栔二份至三份,厚不得越栔之厚。大、小连檐在宋时也使用"结角解开"法,即将一根通长的木条沿断面对角线横向斜劈成两段完全相同的一侧面方正、一侧面斜杀的木条。可两根相对弹线制作,用手锯对角拉成直角梯形。

第三节
小木作制作与装配

建筑物除却大木承重构件外的小木作装修部分也称为装拆,小木

---

①李诚.营造法式·卷五·檐[M].杭州:浙江人民美术出版社,2013.

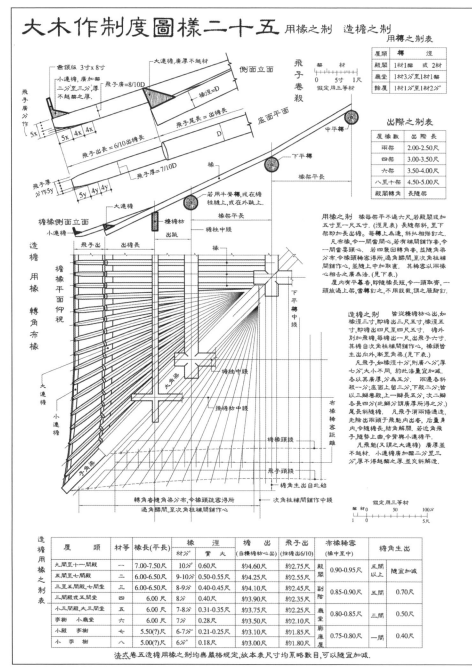

图4-23　大木作制度图样：用椽之制、造檐之制

作在传统营造活动中占有极大的比例，且涉及内容广泛，种类多样。手工艺兴盛的两宋之时，小木作装修的蓬勃之态可见一斑。除了门、窗、平暗、平棊、藻井、胡梯、垂鱼、惹草、室内隔断等一般建筑常用的装修构件，《营造法式》也列举了一些室外的障隔如叉子、拒马叉子、钩阑、露篱等，小型建筑和宗教建筑中较为特殊的小木作装修形式，如木制井亭、牙脚帐、转轮藏、壁藏、佛道帐等，并且详尽规定了各种类装修构件的形制、尺寸及其细部构造。以下仅就小木作中应用较为普遍的部分加以阐释。

一、户牖装拆

　　《营造法式》中主要列举了四种门的形式：版门、软门、乌头门、格子门。并规定"取门每尺之高，积而为法①"，这是一种颇为高明的控制尺寸的方式，将门高和门的各个构件尺寸有机联系，在确定门的高度后，其他名件的长、宽、高可以通过关联门高尺寸累加来确定。版门由实心木板拼合而成，大到城门、殿门，小到外院墙的大门皆可使用。版门高七尺至二丈四尺，《营造法式》规定其"广与高方，若减少，不能过五分之一"，即将版门的高度与宽度比限定在1∶1至1∶0.8。版门的门扇由厚木板拼合，板之间用透栓（一种条状暗榫）串联，背面再以横木方状的"楅"连接，以使拼合更紧密。版门之上有门额，下有地栿，两侧各有门框，称为"立颊"。软门从字面的意思上可理解为相对轻巧、防御能力稍弱的门，分为牙头护缝软门和合版软门两种形式。第一种是用桯和腰串做成框架，框架内安木板，"内外皆施牙头护缝"的形式，即牙头护缝软门；第二种为合版软门，它与版门相似，也使用木板拼合，高度在一尺三寸之内，尺寸较版门稍小，做法也更为简单。乌头门俗

① 李诫.营造法式·卷六·版门[M].杭州:浙江人民美术出版社,2013.

称"棂星门",唐代已有记载,是一种两边带有挟门柱的双扇门,用途较为单一,多在祠庙、住宅等建筑的正门前使用。高八尺至二丈二尺,宽度与高度相同。若高度在一丈五尺以上,宽度可以减少五分之一。门扇上部是棂子窗的形式,中部用双腰串,安腰华板,其下用障水板。乌头门的两侧有两根方形的挟门柱,高度根据门高,"每高一尺,则加八寸",栽入地下。所谓乌头门,即是在这两根柱子的顶部加置涂黑的瓦类构件,以起到防止柱顶腐朽的作用,见图4-24、图4-25。

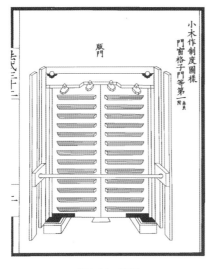

图4-24 版门

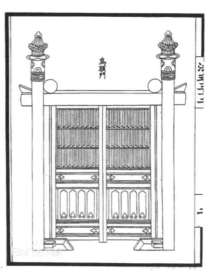

图4-25 乌头门

格子门多用于殿堂或厅堂,门扇由上部雕镂成各种样式的花格与下部实心的木板组成,外形精致美观。格子门的高度在六尺至一丈二尺,根据开间的大小,每间可分作四扇或六扇;每扇以腰串分隔为上、中、下三个部分,上部是镂空的花格,中部为一条窄状的腰华板,下部为障水板,且障水板的高度为花格部分的一半。格子门四周的边框称为桯,对于桯表面的线脚,《营造法式》列举了六种不同的样式,且样式越复杂,等级越高,"一曰四混,中心出双线、入混内出单线(或混内不出线);二曰破瓣、双混、平地、出双线(或单混出单线);三曰通混出双

线（或单线）；四曰通混压边线；五曰素通混；六曰方直破瓣"。所谓
"混"，是指在边、角的位置处理成圆弧状，"出线"则是指在桯的表面雕
刻出较细的突出的木线。《营造法式》中记有几种常用的花格样式，如
"四斜毬文格眼""四斜毬文上出条桱重格眼""四直方格眼①"等。实际
上，宋代仍是格子门发展起步阶段。考察已发掘的宋墓中，如方格纹、
梅花纹、寿字纹、菱格纹等均有出现，障水板多有壶门及图案雕饰②。辽、
金时期建筑及墓葬的花格样式更加丰富，如金代崇福寺弥陀殿的门窗
使用三角纹、古钱纹等多种花样，河南洛阳涧西金墓的格子门，裙板采
用柿蒂纹、龟背纹、万字纹等样式，并在障水板壶门位置装饰有图案化
的芍药、牡丹、菊、莲，每扇门的花纹皆不相同③，见图4-26至图4-32。

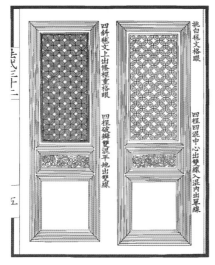

图4-26　挑白毬文格眼、四桯四混中心出双线
入混内出单线

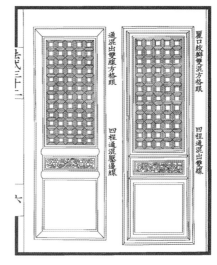

图4-27　丽口绞瓣双混方格眼、四桯通混出双
线、通混出双线方格眼、四桯通混压边线

---

①《营造法式》记录的四直方格眼花纹有七等：一曰四混绞双线；二曰通混压边线，心内绞双线；三
曰丽口绞瓣双混；四曰丽口素绞瓣；五曰一混四撺尖；六曰平出线；七曰方绞眼。
② 李永涛.河南北宋砖室墓中门图样研究[D].兰州：西北师范大学,2019.
③ 刘震伟.洛阳涧西金墓清理记[J].考古,1959(12):690-710.

图4-28 通混压边线四撺尖方格眼、四程素
通混、平出线方格眼、四程破瓣撺尖

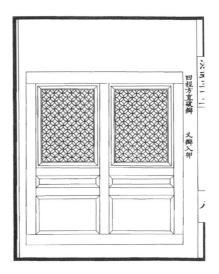

图4-29 四程方直破瓣、义瓣入卯

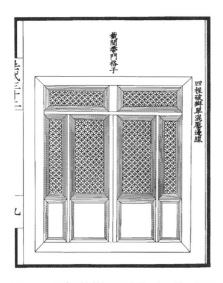

图4-30 四程破瓣单混压边线、截间带门格子

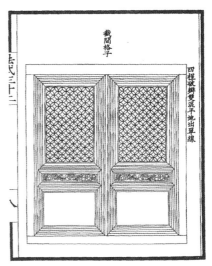

图4-31 四程破瓣双混平地出单线、截间
格子

窗户的形式有破子棂窗、板棂窗、睒电窗（闪电窗）与阑槛钩窗等。破子棂窗和板棂窗都是直棂窗，只是破子棂窗的窗棂子是将一根方木斜角剖为两根等腰三角形的木条做成，睒电窗则是用波纹形状的木板做成窗棂，形式比较别致，除了作为看窗，还可以"施之于殿堂后壁之上，或山壁高处"。阑槛钩窗是比较特殊的一种，与《营造法式》其他三种窗不同，栏槛钩窗可以开启，形似江南园林中的美人靠，窗子下有坐槛、栏杆，可以凭栏倚坐。窗与门相同，尺寸的计算也是采用百分比的方式，见图4-33至图4-36。

图4-32 崇福寺弥陀殿门窗格扇

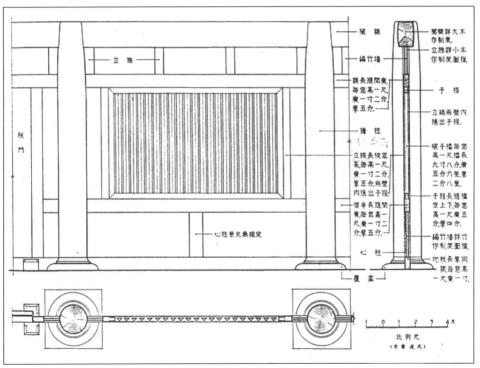

图4-33 破子棂窗示意图

图4-34 破子棂窗

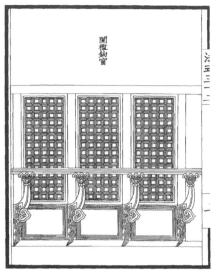

图4-35 阑槛钩窗

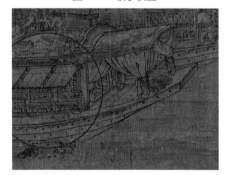

图4-36 宋画《雪霁江行图》(局部)

| 二、平棊、藻井 |

平棊是一种由几何格子构成的天花,"……四边用程,程内用贴,贴内留转道,缠难子",用"贴"将板分隔成或长方或正方的格子,再于格子内贴上木雕花纹作为装饰,"其中贴络华文有十三品:一曰盘毬,二曰斗八,三曰叠胜,四曰琐子,五曰簇六毬文,六曰罗文,七曰柿蒂,八曰龟背,九曰斗二十四,十曰簇三簇四毬文,十一曰六入圜华,十二曰簇六雪华,十三曰车钏毬文。其华文皆间杂互用,或于云盘华盘内施明镜,或施隐起龙凤及雕华。每段以长一丈四尺、广五尺五寸为率。盝顶敖斜处,其程量所宜减之[①]"。只用格子素板不施彩画的简单做法称为平暗,"以方椽施素版者谓之平暗"。

① 李诫.营造法式·卷八·平棊[M].杭州:浙江人民美术出版社,2013.

图4-37　平棊藻井图样:盘毬

　　宋、辽、金时期,单纯使用平棊的情况较少,大多是与藻井结合出现,藻井的名称得于其形式"交木如井"且多以藻纹装饰的缘由。《营造法式》只记录了两种藻井形式,一种是用于殿身内的斗八藻井,斗八藻井共高五尺三寸,可分为方井、八角井、斗八三个部分。其下为方井,方八尺,高一尺六寸,施六铺作下昂造斗拱,每面施补间铺作五朵;其中为八角井,径六尺四寸,高二尺二寸,施七铺作上昂重拱;其上曰斗八,径四尺二寸,高一尺五寸。在顶心之下装饰垂莲柱或安明镜。《营造法式》中也列举了小斗八藻井,总高为二尺二寸,只有八角井与斗八两重。其下曰八角井,径四尺八寸;其上曰斗八,高八寸。小斗八藻井只在殿宇的副阶位置使用,见图4-37至图4-41。

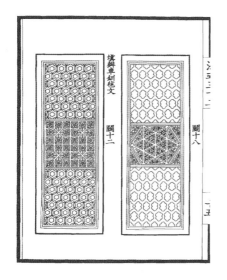

图4-38　平棊藻井图样:斗十八、填瓣车钏毬文、斗十二

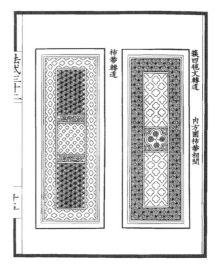

图4-39　平棊藻井图样:簇四毬文转道、内方圆柿蒂相间

图4-40 保国寺藻井

图4-41 善化寺大雄宝殿藻井

三、垂鱼、惹草

　　垂鱼安放在房屋山面搏风板左右两部分的合尖处，除了装饰的作用，从构造上看，也起到了加固搏风板拼接处的作用。《营造法式》规定垂鱼长三尺至一丈，且"每长一尺，则广六寸，厚二分五厘"，垂鱼、惹草的装饰"或用华瓣，或用云头造"，在可见的实物装饰中，华瓣与云纹大多一起使用，组合成华丽精美的纹饰。惹草安置在槫的端部之外，长度从三尺到七尺不等，且"每长一尺，则广七寸"，厚度则与垂鱼相同。具体制作时，垂鱼、惹草都可根据尺寸，先做好样板，依样板在木料上

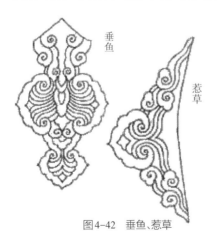

图4-42 垂鱼、惹草

图4-43 宋画中的垂鱼形象

图4-44　安装垂鱼

画线,然后根据线锯割即可,见图4-42至图4-44。

| 四、钩阑 (勾栏) |

钩阑即栏杆,有重台钩阑和单钩阑两种形式。

钩阑最上面为寻杖,即扶手,形状可方可圆,也可做成四混、六混、八混造。寻杖之下有云拱、蜀柱等构件,再下面为华板、地栿。重台钩阑和单钩阑的区别主要在于多设置了一道华板,高度四尺至四尺五寸;单钩阑只有一重华板(或做成万字造、勾片造等),高度在三尺至三尺六寸。钩阑分间或转角的位置一般用望柱,望柱柱头高于寻杖,柱头的雕刻形式十分丰富,如仰覆莲、单胡桃子、海石榴头等。转角处如果不用望柱,两边的寻杖相交出头,称为"寻杖绞角[①]";如采用形式较

[①] 李诫.营造法式·卷八·小木作制度三[M].杭州:浙江人民美术出版社,2013.

为简单的斗子蜀柱钩阑,寻杖相交处不出头,称为"寻杖合角^①"。

从《营造法式》的规制看,石制钩阑的立面外形和木制钩阑都十分相似,见图4-45。

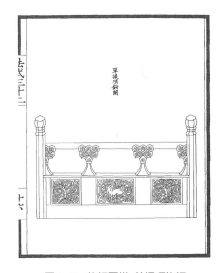

图4-45　钩阑图样:单撮项钩阑

第四节
墙 体 工 艺

两宋时期的墙体砌筑可分为夯土墙、土坯墙及砖墙。

此时夯土墙的使用仍比较普遍,《营造法式》卷三"壕寨制度"中记有三类夯土墙——建筑物用墙、房屋外围护的露墙以及抽纤墙。建筑

---

① 李诫.营造法式·卷八·小木作制度三[M].杭州:浙江人民美术出版社,2013.

物用墙的高厚比为3:1，"其上斜收，比厚减半①"。露墙高厚比为2:1，"其上收面之广，比高五分之一"，即墙的上部厚度较底部向内收进2/5。抽纤墙的高厚比与露墙相同，但"其上收面之广，比高四分之一"。此外，城墙也采用夯土方式，筑城之制规定"每高四十尺，则厚加高二十尺，其上斜收减高之半②"，夯筑城墙需要开挖地基，栽永定柱、夜叉木，横向用纤木。

土坯垒墙所用材料为坯墼，即土坯，尺寸与条砖相同。土坯墙的高厚比为4:1，每面斜收3%，垒砌时每三重土坯需要加一层竹筋，以加强墙面的整体性。砌墙完成后，还需用石灰泥粉饰墙壁，《营造法式》中"泥作制度"的"用泥"条，细致地记载了使用石灰等泥涂的方法："先用粗泥搭络不平处；候稍干，次用中泥趁平；又候稍干，次用细泥为衬，上施石灰泥毕，候水脉定，收压五遍，令泥面光泽③。"概括来说即先用粗泥、中泥、细泥打底，再用含有颜色的石灰泥作面层，《营造法式》列举了四种颜色的石灰泥做法：

合红灰：每石灰一十五斤，用土朱五斤，赤土一十一斤八两。

合青灰：用石灰及软石炭各一半。如无软石炭，每石灰一十斤，用粗墨一斤或墨煤一十一两，胶七钱。

合黄灰：每石灰三斤，用黄土一斤。

合破灰：每石灰一斤，用白篾土四斤八两。每用石灰十斤，用麦麸九斤。收压两遍，令泥面光泽。

这四种灰的选择就决定了墙面最终呈现的颜色——土红、浅灰、浅黄或白色。制作石灰泥时，"每石灰三十斤，用麻捣二斤"，用以增加石灰泥的耐久性。

卷十五"砖作"记有砖墙的做法，"每高一尺，底广五寸，每面斜收

---

① 李诫.营造法式·卷三·壕寨制度·墙[M].杭州:浙江人民美术出版社,2013.

② 李诫.营造法式·卷三·壕寨制度·城[M].杭州:浙江人民美术出版社,2013.

③ 李诫.营造法式·卷十三·泥作制度[M].杭州:浙江人民美术出版社,2013.

一寸。若粗砌,斜收一寸三分,以此为率[①]"。《营造法式》中对于各类砖的尺寸与用途都有详细的描述,见表4-1。

表4-1 《营造法式》所列举的砖的规定

类 型	长	宽(广)	高(厚)	用途
方 砖	二尺	二尺	三寸	十一间以上殿阁铺地
	一尺七寸	一尺七寸	二寸八分	七间以上殿阁铺地
	一尺五寸	一尺五寸	二寸七分	五间以上殿阁铺地
	一尺三寸	一尺三寸	二寸五分	殿阁、厅堂、亭榭铺地
	一尺二寸	一尺二寸	二寸	散屋、行廊、小亭榭铺地
条 砖	一尺三寸	六寸五分	二寸五分	阶基
	一尺二寸	六寸	二寸	阶基外沿
压阑砖	二尺一寸	一尺一寸	二寸五分	阶基
砖 碇	一尺一寸五分	一尺一寸五分	四寸三分	
牛头砖	一尺三寸	六寸五分	一壁厚二寸五分,一壁厚二寸二分	城壁
走趄砖	一尺二寸	面广五寸五分,底广六寸	二寸	城壁
趄条砖	面长一尺一寸五分,底长一尺二寸	六寸	二寸	城壁
镇子砖	六寸五分	六寸五分	二寸	

---

①李诫.营造法式·卷十五·砖作制度[M].杭州:浙江人民美术出版社,2013.

第五节
屋面工艺与做法

| 一、屋面铺瓦工序 |

屋面铺瓦的工作也称为"结瓦"。宋代的屋面经过历代修葺,原构已不存,我们可以通过解读《营造法式》的文本并结合传统的做法进行探讨。结瓦前通常先于椽上铺设屋面基层,称为"瓦下补衬",瓦作制度记有三种基层的做法,分别是柴栈、版栈和竹笆苇箔。其上抹泥或灰等垫层以找平(清代称为"苫背"),再坐灰或用泥安铺瓦件、垒砌屋脊以及安装鸱尾兽头等:

凡瓦下补衬柴栈为上,版栈次之。如用竹笆苇箔,若殿阁七间以上,用竹笆一重,苇箔五重;五间以下,用竹笆一重,苇箔四重。厅堂等五间以上,用竹笆一重,苇箔三重。如三间以下至廊屋,并用竹笆一重,苇箔二重。散屋用苇箔三重,或两重。其柴栈之上,先以胶泥遍泥,次以纯石灰施瓦。

《营造法式》在窑作制度中记有瓦坯的制作与常用的瓦件尺寸(筒瓦6种,板瓦7种),此外还有用于檐口的花头筒瓦、重唇板瓦、垂尖花头板瓦等。建筑等级不同,选用瓦件的尺寸也有相应的规定:

殿阁厅堂等,五间以上,用筒瓦长一尺四寸,广六寸五分,三间以下,用筒瓦长一尺二寸,广五寸。

散屋用筒瓦,长九寸,广三寸五分。

小亭榭之类,柱心相去方一丈以上者,用筒瓦长八寸,广三寸五分。若方一丈者,用筒瓦长六寸,广二寸五分。如方九尺以下者,用筒瓦长四寸,广二寸三分。

厅堂等用散板瓦者,五间以上,用板瓦长一尺四寸,广八寸。

厅堂三间以下,及廊屋六椽以上,用板瓦长一尺三寸,广七寸。或廊屋四椽及散屋,用板瓦长一尺二寸,广六寸五分①。

瓦作制度中列举了筒瓦与板瓦两种瓦件的结瓦方式,筒瓦用于殿阁、厅堂、亭榭之类建筑,瓦件使用前需先修整瓦件的边棱,称为"解挢",使瓦件"四角平稳",其后将瓦件穿过平置木板上的半圆形孔洞以拣选筒瓦的半圆,称为"撺窠"。《营造法式》记:"下铺仰板瓦。两筒瓦相去,随所用筒瓦之广,匀分陇行,自下而上。瓦毕,先用大当沟,次用线道瓦,然后垒脊②。"板瓦用于厅堂及常行屋舍等建筑,"两合瓦相去,随所用合瓦广之半,先用当沟等垒脊毕,乃自上而至下,匀拽陇行"。为了便于施工有所依据,以免发生误差,结瓦前需先以中线为准,确定底瓦坐中,其后分瓦陇(清代称为"号陇"),顺小连檐通长拉线,从中间向两边均分,并做好每陇筒瓦的中线标记。筒瓦中线定好后,按每陇筒瓦之间距进行瓦口制安,宋代称为燕领版,山面的华废之下用狼牙版。宋代铺板瓦是"压四露六",需事先浸泡再使用,铺瓦最忌敞有缝隙,会引起雨水的渗入,严密的瓦缝也是防止瓦松和杂草生长的重

图4-46 结瓦示意

---

①、② 李诫.营造法式·卷十三·瓦作制度[M].杭州:浙江人民美术出版社,2013.

点,所以瓦的施工质量十分重要,瓦下的黏结材料应饱满,勾缝应严密。花头筒瓦的背部需钉葱台钉,如六椽以上的建筑,需在正脊下第四和第八筒瓦的瓦背钉盖腰钉,都是为了防止瓦件下滑,见图4-46。

二、屋脊样式及做法

宋代屋脊的结构自下而上可分为四个部分:当沟瓦、线道瓦、脊瓦和合脊筒瓦。屋脊的高度由脊瓦的层数决定(包含线道瓦),《营造法式》中根据建筑类型的不同,规定了不同的脊高,见表4-2。

表4-2 建筑屋脊高度

建筑类型		正脊	垂脊	备注
殿 阁	三间八椽/ 五间六椽	31层	29层	每增加两椽正脊加两层,最高37层
厅 屋	三间八椽/ 五间六椽	21层	19层	每增加两椽正脊加两层,最高25层
堂 屋	三间八椽/ 五间六椽	19层	17层	
门楼屋	一间四椽	11/13层	9/11层	每增加两椽正脊加两层,最高19层
	三间六椽	17层	15层	
廊 屋	四椽	9层		每增加两椽正脊加两层,最高11层
常行散屋	六椽	用大当沟瓦7层,用小当沟瓦5层		每增加两椽正脊加两层,用大当沟瓦最高9层,用小当沟瓦最高7层
营房屋	两椽	3层		每增加两椽正脊加两层,最高5层

位于正脊两端的鸱尾与垂脊的兽头、嫔伽在两宋时期也得到充分

的发展①。中唐以前，殿宇正脊两端多使用一种称为"鸱尾"的瓦饰，其形体似鱼尾，卷曲向正脊中央。最迟至晚唐出现了流行至今的鸱吻形式，原来鸱尾前端与正脊相交处变为张口吞脊的吻，形成前首后尾的形式，为宋、辽、金建筑普遍使用。从现存的宋画或遗构可见，此时的鸱吻形象更为细致丰富，刻画也更为具体。《营造法式》中已有"龙尾"的名称，形式更为复杂。金代朔州崇福寺弥陀殿的鸱吻，其外形似鸱尾，而身内完全是一条蟠龙。鸱吻等脊饰构件本来是屋脊相交需要构造交代的结果，适当地加以设计就成了装饰艺术。把宋、

图4-47　金代朔州崇福寺鸱吻

图4-48　嫔伽形象：开封祐国寺塔

辽、金的鸱吻与前代鸱尾相比较，就可以明显地看到这一构件由构造性向装饰性的转变过程，见图4-47、图4-48。

①《营造法式》中对于鸱尾与兽头等均有规定，用鸱尾之制：殿屋八椽九间以上其下有副阶者，鸱尾高九尺至一丈。五间至七间，高七尺至七尺五寸。三间高五尺至五尺五寸。楼阁三层檐与殿五间同两层檐者与殿三间同。殿挟屋，高四尺至四尺五寸。廊屋之类，并高三尺至三尺五寸。小亭殿等，高二尺五寸至三尺。凡用鸱尾，若高三尺以上者，于鸱尾上用铁脚子及铁束子安抢铁。其抢铁之上施五叉拒鹊子。身两面用铁鞠，身内用柏木桩或龙尾，唯不用抢铁拒鹊加襻脊铁索。

用兽头等之制：殿阁垂脊兽并以正脊层数为祖。正脊三十七层者，兽高四尺。三十五层者，兽高三尺五寸。三十三层者，兽高三尺。三十一层者，兽高二尺五寸。堂屋等正脊兽亦以正脊层数为祖，其垂脊兽并降正脊兽一等用之。正脊二十五层者，兽高三尺五寸。二十三层者，兽高三尺。二十一层者，兽高二尺五寸。一十九层者，兽高二尺。廊屋等正脊及垂脊兽祖并同上。正脊九层者，兽高二尺。七层者，兽高一尺八寸。散屋等正脊七层者，兽高一尺六寸。五层者，兽高一尺四寸。殿阁至厅堂亭榭转角上下用套兽、嫔伽、蹲兽、滴当、火珠等。

至于屋脊的走兽,汉唐时期四翼角戗脊的脊饰不过是翘起筒瓦三五枚,十分简单,且无装饰性。宋、辽、金时期才真正开始大量使用走兽。宋已规定用嫔伽一枚及蹲兽一至八枚,至少用蹲兽一枚。从现存的实物来看,除了嫔伽一枚均设以外,蹲兽一般是一至四枚。很显然,房屋四翼角戗脊的端部是视觉的一处焦点,安置以形象各异的仙人、走兽,既可给平滑的曲线作结,又丰富了各脊的轮廓线,强调了它们的动势,同时增强了整个屋顶的装饰效果,提高了屋顶的艺术表现力。

第六节
地面铺砌工艺

《营造法式》卷十五砖作制度中记有以方砖铺砌地面的具体做法:

铺砌殿堂等地面砖之制:用方砖,先以两砖面相合,磨令平;次斫四边,以曲尺校令方正;其四侧斫令下棱收入一分。殿堂等地面,每柱心内方一丈者,令当心高2分;方三丈者高三分。如厅堂、廊舍等,亦可以两椽为计。柱外阶广五尺以下者,每一尺令自柱心起至阶䯼垂二分,广六尺以上者垂三分。

铺地之前需对方砖进行加工,首先磨平砖面;再将砖的四边砍齐,即"斫边",并用曲尺校正;第三步是"斫棱",使四个侧面下棱向内斜收1分,用于填充黏结材料,又可保证砖与砖之间的接缝美观。现在的匠人在施工时,边铺灰土边铺地砖,往往于灰土上大致砖角的位置浅挖一小坑,内灌白灰浆,再遍撒白灰,其上铺砖,以加强砖与灰土的黏结,使砖更加牢固。铺地时,地面中间部分高,四周倾斜形成凸面。《营造法式》规定室内的坡度为0.1%～0.2%,室外阶基坡度为2%～3%,阶外做散水一周。

　　宋代的城市街道已有铺砖,多集中在江南一带,如南宋临安御街,砖道中间微高、两侧倾斜以利排水。《营造法式》也记载了室外街道铺砖的做法,称为露道,"长广量地取宜,两边各侧砌双线道,其内平铺砌或侧砖虹面叠砌,两边各侧砌四砖为线①"。

---

① 李诚.营造法式·卷十五·砖作制度[M].杭州:浙江人民美术出版社,2013.

第五章
宋式营造的装饰艺术

中国古代建筑艺术在长期发展的过程中,巧妙地把结构需求和建筑艺术形式不断糅合,至两宋时期达到了完美的境地,结构美、构造美和装饰美得到了有机的结合,并形成了一套成熟的、普遍采用的加工方式。宋代社会世俗化的发展也反映在装饰艺术中,形成了雅俗兼备相依的风格取向。

　　中国传统的建筑装饰既有丰富多变的雕刻,又有绚丽多姿的彩画,它们既是时代审美的表现,也是建筑材料与技术发展的反映。中国传统雕刻历史悠久,画像石、砖,遍及各地的佛教寺窟,以及各类建筑构件的雕刻都是雕刻技艺的写照。宋代手工艺发展迅速,雕刻技艺十分兴盛,不论木雕还是砖雕都呈现出专业化的特点。台基、须弥座、栏杆、门窗以及大木构件承托、穿插暴露于外的节点部位,都是雕刻匠人着力发挥其技艺的地方。宋代传统建筑中精美的雕饰十分注重与建筑整体的呼应与配合,极富趣味地增加了建筑的表现力。雕梁镂桼,青锁丹楹,除却木构装饰,彩画装饰更是由来已久,是中国传统建筑中独特而绚烂的一笔。两汉魏晋之时,文学作品中就有"图以云气,画以仙灵"的描写。制作彩画的矿物颜料风干后,可以在木材表面形成防水的隔绝层,对木构件的表面起到防护的作用。早在汉代及南北朝时期,古代的匠人们就将诸如雄黄、石青、石绿等具有毒性的矿物元

图5-1　宋画《明皇避暑宫图》

素添加到彩画颜料中,以达到防虫、防蛀的效果。除了保护木质构件的实用性之外,彩画装饰还起着美化建筑、区分建筑等级的多重作用。古往今来,历朝历代都发展有自身喜爱和颇具代表性的彩画图案与纹样,如唐宋时期,花形饱满的牡丹华与西域传入的海石榴华就颇受喜爱。统治者也擅用建筑的色彩来宣示皇权与神权,这在一定程度上反映了那个时代的审美风向与艺术成就。并且,同时代不同地域的彩画也呈现出不同的艺术风格,比如,北方宫廷彩画华贵庄重,民间园林中的彩画活泼可爱,建筑彩画如故事一般娓娓道来,显示了古代匠人对生活的热爱以及对自身工艺的珍视,见图5-1。

第一节
木作装饰工艺

一、大木作装修工艺

所谓大木装修,是指对柱、梁、斗拱等房屋重要结构构件进行装饰性的加工,其基本特点是根据构件的结构逻辑、力学特性、所处位置和构件的尺寸比例适当地加以美化处理,以表现构件的结构美和材料的自然美。建筑在这里是被当作一件完整的有机体来看待的,这个有机体中的每一个组成部分都有它的功能意义,同时也有它的美学意义,不但造型整体是精美绝伦,而且形体内在的结构过程也同样是精巧美妙,这充分体现了古代中国人民对美的体验与追求。总之,充分利用结构构件进行适当的艺术处理,发挥装饰的艺术效果,是中国古代大木构架营造技艺的特色之一。两宋时期,正是这一特色得以完善并趋完美的时期,把装饰美融于结构美和构造美之中堪称这一时期的建筑美学思想和设计的原则,原本自在的装修形式过渡到了自为的艺术追求。

1. 柱

从现存唐代南禅寺和佛光寺大殿来看,当时的柱子仅上端略有卷杀,至五代后才有了显著变化。江苏出土的南唐一号墓中的木屋模型,其八角断面的屋檐柱已有了明显的上下卷杀。至北宋,柱子的卷杀则趋于制度化,按照规定,柱子一般都要依其自身高度划分为三等份,在上段用精确的几何方法做出明显的卷杀效果。柱子卷杀的位置、弧形以及幅度都相当合恰,造型饱满,曲线流畅,不但避免了僵直呆板的感觉,而且增加了柱子的力量感,看上去更富有弹性。从现存遗构来看,上下均带有卷杀的做法在南方地区较多。从柱子的装饰手法来看,山西晋祠副阶檐柱的盘龙雕饰是宋时精美的遗存,虽逾千年,其飞动之势犹然,见图5-2、图5-3。

图5-2 晋祠圣母殿盘龙柱1

图5-3　晋祠圣母殿盘龙柱2

2.梁

　　梁在大木中是最重要的构件之一，它的尺寸巨大，位置显赫，故也采用了卷杀处理。做法是将梁的两端加工成上凸下凹的曲面，使其向上微呈弯月状，故人称"月梁"。月梁的侧面也加工成外凸的弧面，寓力量、韵味于简朴的造型之中，其形式既与结构逻辑相对应，又具明显的装饰效果，使室内那一层层相互叠落的梁架不但不觉得沉闷单调，反而有一种力度轻快之感。

3.斗拱

　　两宋的斗拱，在尺度上由大变小，数量由少变多，并出现了斜拱等装饰性做法。同时，艺术加工也更加精细，拱头的分瓣卷杀较前代更为明晰，向外伸出的要头、昂嘴等也都非常精巧，成为装饰的重

图5-4　隆兴寺摩尼殿斗拱细节1

133

点。此时普遍采用的琴面昂,其昂嘴的侧立面和断面均被处理成弧线造型。宋代斗拱的装饰作用越来越受到重视,斗拱的造型意义已不亚于它的结构意义,以佛光殿为代表的唐时建筑可见,此时的斗拱疏朗雄大,视觉感受强烈。发展至北宋末,与整个时代建筑风格追求纤巧有关,琳琅的铺作多为显示至上的皇权与神权,不少铺作并无结构价值而仅富于装饰性,见图5-4至图5-7。

图5-5 隆兴寺摩尼殿斗拱细节2

图5-6 晋祠圣母殿斗拱细节1

图5-7 晋祠圣母殿斗拱细节2

┃ 二、小木作装修工艺 ┃

图5-8　侯马董氏墓1

图5-9　侯马董氏墓2

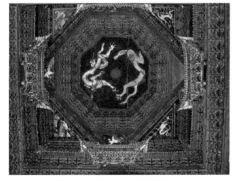

图5-10　净土寺大雄宝殿藻井

　　小木作装修主要是指门窗、栏杆、室内天花藻井及壁龛等非结构部分的木作装修。两宋时期的门窗，就其形式的丰富性、装饰纹样的精美而言，远远超过前代。比较唐代主要使用简单的双扇板门、直棂窗，两宋时期开始出现格子门、破子棂窗、落地长窗、阑槛钩窗等，采光与通风相对改善；同时门窗的棂格花纹也由直棂或方格的单一形式转变为直棂、柳条框、球纹、三角纹、古钱纹等多种形式。与此相应，栏杆的栏板除形式简单的勾片造等外，还发展有各种复杂的几何纹样。此外，一些现存的小木作装修实例，如应县净土寺大雄宝殿的室内藻井、大同华严寺(下寺)薄伽教藏殿内壁藏、晋城二仙庙佛道帐、江油云岩寺的飞天藏等都是仿木构建筑形式且制作精美的装饰佳作，反映了该时期小木作装修艺术的高超水平。在小木作装修中，除结构构件作装饰性加工外，纯装饰性的附加木雕或木刻的施用也是此时装饰艺术的一个特点，如门窗扇的裙板,在唐代多为素平状,两宋时期则多施以花卉或人物雕刻,成为装饰的重点,此时期的墓葬中现存诸多精美的砖刻仿木隔扇,见图5-8至图5-10。

第二节
石雕装饰工艺

中国传统石雕工艺历时久远,发展绵长,两宋时期不但全面掌握了石作雕刻的各种技法,形成了一套完整的工序,而且成功地把握了装饰雕刻与建筑主体的相互关系,驾驭技法而不沉溺于技法,并根据建筑的风格、雕刻的位置特点及所附丽的结构构件的内在逻辑要求来选择不同的雕刻类型和形式,或绚烂,或古拙,或含蓄,使装饰雕刻与建筑相得益彰,成为极富魅力的艺术作品。

一、四种雕刻制度

1.剔地起突

剔地起突是建筑装饰雕刻中最为复杂的一种,类似今天所说的高浮雕,其特点是装饰主体从建筑构件表面突起较高,"地"层凹下,各层面可重叠交错,最高点不在同一平面上;剔地起突的雕刻手法十分富

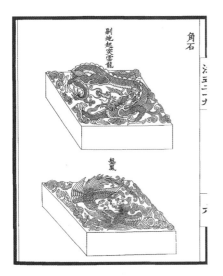

图5-11　角石：剔地起突云龙、盘凤

图5-12　宋神宗永裕陵上马台

于表现力，艺术效果也最为生动。现存河南巩义市宋神宗永裕陵的上马台是其典型的实例之一，该上马台选用龙作为装饰题材，各面高高突起的龙身圆滑有力，鳞角逼真动人，同时以起伏涌动的纹样为背景装饰，渲染意境和均衡画面，做到既富装饰性又不破坏构件的整体性。如上马台的南侧面为正方形，故而龙的躯体呈卷曲状，龙头与前爪都向后转180°，龙的姿态生动活泼，画面结构也统一；上马台的顶面雕有一条盘龙，"地"的处理用龙的头、脚、尾来充满画面，龙的周围有云纹花环，在花环外又有浅浅的牡丹花在四角补白，最外侧是作为方形边框的卷草纹带子，整个画面取得了一种匀称中的均衡和对比中的变化。此外，在东西两面，龙体转曲呈行龙状，龙尾拖上摆动，也与梯形画面取得了很好的呼应，见图5-11、图5-12。

2.压地隐起

压地隐起类似于浅浮雕，其特点是各部位的高点都在同一平面上，若装饰面有边框，则高点均不超出边框的高度，画面内部的"地"大体也在同一平面上。但表层饰面与"地"之间，雕刻的各部位可以相互重叠和穿插，使整幅画面有一定的层次和深度，十分适合表现主题性不强但需以连续图案出现的花纹，如翻卷的花、叶类纹样。如现存苏州罗汉院大殿遗址的雕花柱础，由一圈压地隐起的缠枝花纹装饰，华

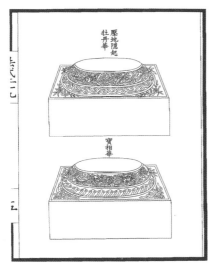

图5-13　压地隐起牡丹华:宝相华

图5-14　罗汉院雕花柱础

图5-15　罗汉院双塔的石柱石刻

丽动人;位于南京栖霞山舍利塔塔基上的五代石雕也是压地隐起的一个典型实例,工匠在深浅仅一两厘米的石面上做出清秀多姿的花纹和展翼欲飞的凤鸟,手法简括而形象鲜明。见图5-13至图5-15。

3.减地平钑

减地平钑近于平雕,其特点是一般只有凸凹两个面,且凸起的雕刻面和凹下去的"地"都是平的,从而使雕刻面在"地"上形成整齐而有规律的阴影,反衬出雕刻主题棱角清晰的轮廓,好似用厚实的纸张做

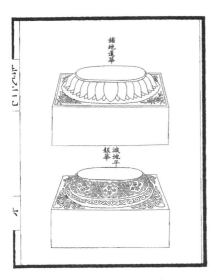

图5-16　铺地莲华、减地平钑华

出的剪纸。减地平钑的艺术效果并不像前两种雕刻方式生动华美，而是依靠轮廓流畅的线的形态，来营造布局疏密有致的韵律美。现存巩义市宋神宗永裕陵的望柱、登封中岳庙宋开宝六年（公元973年）新修嵩岳中天王庙碑都是采用减地平钑手法的装饰雕刻精品。人们远观时并不见具体的装饰内容和纹样，但能感到是经过装饰处理的。随着观赏距离的接近，这些优美的纹样自然映入眼帘，而原本是单调的石面也就变成了生机盎然的艺术品。还有一种只以刻线为装饰的手法，作者认为也应归为减地平钑，阴线雕刻不是以雕刻的体积取胜，而是以线条的优美见长，凹下的刻线所显露出的粗涩石质与磨光的构件表面可形成对比，装饰效果更为含蓄。山西长子县法兴寺圆觉殿的门框及内柱表面均采用了流畅舒展的线刻莲华来做装饰，在抹棱八角柱的柱面上通身刻满花纹，布局匀称，刻线的深浅、宽窄也很得体，用阴线精心勾勒出来的花、叶、枝等赋予石柱装饰效果，并减少了石构件的沉重感，见图5-16。

4.素平

素平并无花纹，也不雕刻，只有斫砟与磨砻工序。

二、装饰雕刻的把握与运用

中国古代建筑雕刻都是依附于建筑而存在的，是建筑艺术的一个组成部分。很多优秀作品并不是脱离建筑来表现自己,而是与建筑总体形象取得有机的联系和风格的统一。一种雕刻手法虽然有其独特的表现力,但在建筑构件上运用时则必须符合构件本身的性格,并不是将建筑构件全部进行复杂费工的雕刻就可以取得好的艺术效果,而是将不同的雕刻手法运用到适于表现的位置,相互配合,以取得感人的艺术效果。有鉴于此,宋人根据长期的创作经验和各种雕刻类型的艺术特征,对如何运用这些类型,特别是各种雕刻类型所适用的建筑部位和建筑构件做出了合理安排。例如剔地起突适合于表现有构图中心、主题明确的雕刻形象;同时雕刻面不宜过大,雕刻部位适于醒目处或视线集中的位置,如柱础的覆盆、阶基的版柱、石栏版华版、角石、压阑石、井口石等,纹样如水地云龙、海石榴华内间化生、龙凤间华、宝山水地、缠柱云龙、莲华等。压地隐起的特点是在保持建筑构件平面效果和线脚外轮廓的前提下,顺势雕出较浅的立体纹样,因而适用于基座的束腰、柱础等构件上,许多宋代建筑的柱础都喜欢采用这种手法来装饰覆盆。适用于该手法的各种花形诸如海石榴华、宝相华、牡丹华、铺地莲华、仰覆莲华、宝装莲华等,实例如河南登封少林寺初祖庵,殿内的石柱采用压地隐起的海石榴华间化生童子、宝相华间鹤、雁、凤等,花叶间穿插人物及动物,十分灵动。在木构建筑中,这些经过花饰处理的石质构件,与绘制着彩画的木构梁柱椽枋及精致的毬文格子门窗相互配合,使整座建筑物显得别有韵致。减地平钑与素平因其效果含蓄,且不损伤石面的整体感,故可做大面积处理,实例中它们常常被应用于柱子、券面、墙裙等部位上。由现存的遗构、墓葬等可见,两宋时期的石作雕刻制度运用已十分纯熟,各技法与建筑配合得当,雕刻形态饱满生动。与之相比,明、清时期的石雕作品反而过多地追求技法的展现,忽略了整体艺术感的和谐,失去了宋时或优美雅致,或含蓄古朴的魅力,呈现一种为了显示技术而刻意炫技的整体风格,满眼雕绘,这也与时代整体的审美风向有关,见图5-17至图5-21。

图5-17　剔地起突　独乐寺山门角石

图5-18　隆兴寺大悲阁佛坛雕刻

图5-19　隆兴寺大悲阁佛坛雕刻乐伎1　　　图5-20　隆兴寺大悲阁佛坛雕刻乐伎2

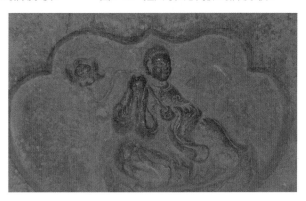

图5-21　隆兴寺大悲阁佛
　　　　坛雕刻人物

第三节
彩 画 工 艺

一、宋代彩画的特点与分类

　　汉、唐之后,逐渐抛弃了金玉及锦幔作为木构装饰的方法,官式建筑中多为使用的赤白彩画式微,色调加之青绿,形象、色彩更为丰富多变,彩画的技术水平有了明显的提高,技法越发精益。吴梅博士将宋代建筑彩画生动地概括为"由质朴至鲜丽再到规范的彩画发展历程中最为繁丽的顶峰阶段[①]"。两宋时期的彩画按照建筑等级差别和制作工艺可划分为三类,即五彩遍装、青绿彩画和土朱刷饰。若细分则可分为8种,即五彩遍装、碾玉装、青绿叠晕棱间装、三晕带红棱间装、解绿结华装、丹粉刷饰、黄土刷饰和杂间装。彩画施用的部位,主要是梁、枋、柱、斗拱、椽头等处,比如斗拱彩画常常是满绘花纹,或是青绿叠晕,或是土赤刷饰;柱子彩画或用土赤,或于柱头、柱中绘束莲、卷草,梁和阑额等构件端部使用由各种如意头组成的藻头,形成箍头、藻头加枋心的新样式,部分做法受到江南地区的影响。彩画的图案类型如华文、琐文、龙凤走飞、人物等,方式上更注意构图的结构感与表现

---

① 吴梅.《营造法式》彩画作制度研究和北宋建筑彩画考察[D].南京:东南大学,2004.

力,华文的样式或花叶翻卷、"肥厚而丰满",或受北宋画院"写实""象真"风格的影响,模仿"折枝写生花""没骨花",人物与走飞也开始倾向于写实风格。前代那种较为生硬的彩饰逐渐被柔和细腻的彩饰所代替,技法精致、风格秀丽。

与前代相比,两宋的建筑彩画更为华美,《营造法式》在彩画的总制度中就以"令其华色鲜丽[①]""取其轮奂鲜丽,如组绣华锦之文尔[②]"写明了对彩画风格与色彩的要求,体现了当时彩画装饰功能的增强。但从具体的设色原则和色彩关系来看,宋代的彩画总的风格还是以清新淡雅为其基调。如规定"五色之中唯青、绿、红三色为主,余色隔间品合而已[③]",并"不用大青、大绿、深朱、雌黄、白土之类[④]";同时大量用晕,极少用金,故风格清丽。此外,《营造法式》中强调要注意"随其所写,或浅或深,或轻或重,千变万化,任其自然[⑤]",反映了当时彩画技法的纯熟、艺术构思的高超。下面就各类彩画的特点进行相应的介绍与归纳:

1. 五彩遍装

五彩遍装是彩画中最为华丽的一种,多以青绿叠晕为外缘,内底用红,上绘五彩花纹,或者用朱色叠晕轮廓,内底用青。其选用的图案式样也极为繁多,花卉、飞禽、飞仙、走兽、云纹皆可入画。仅植物花纹一类就有海石榴华、宝相华、牡丹华、莲华等;更有锦文图案如团窠宝照、团窠柿蒂、方胜合罗、圈头合子、豹脚合晕、玛瑙地、玻璃地、鱼鳞旗脚诸品,多用于枋、桁、斗拱、飞子等处;再如几何形的锁纹,以方、圆或是多边形的基本形,经过交错重复而成的连续图案,有锁子、连环锁、玛瑙锁、簟纹、罗地龟纹、四出、六出、剑环、曲水诸品。《营造法式》中对各类图案的适用位置都做了详细的安排,同时对彩画图案的颜色、画法,各类图案之间的组合都进行了一定的说明:"凡华文施之于梁、额、

①~⑤ 李诫.营造法式·卷十四·彩画作制度[M].杭州:浙江人民美术出版社,2013.

柱者,或间以行龙、飞禽、走兽之类于华内,其飞、走之物用赭笔描之于白粉地上,或更以浅色拂淡。如枋、桁之类全用龙、凤、走、飞者,则遍地以云文补空①。"见图5-22至图5-33。

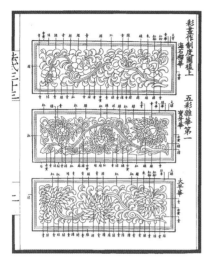

图5-22 海石榴华 宝牙华 太平华

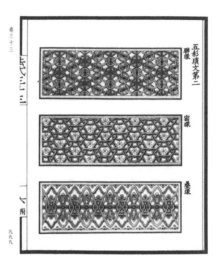

图5-23 琐文1

图5-24 琐文2

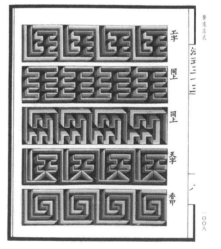

图5-25 琐文3

① 李诫.营造法式·卷十四·五彩遍装[M].杭州:浙江人民美术出版社,2013.

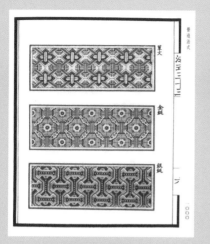

图5-26 琐文4

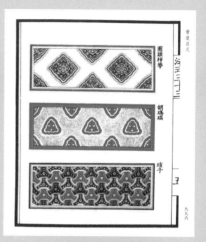

图5-27 琐文5

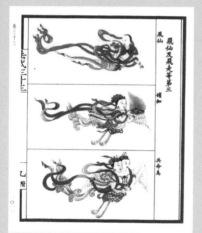

图5-28 飞仙

图5-29 飞禽

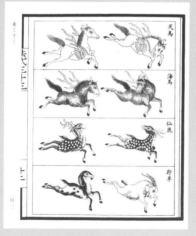

图5-30 走兽

图5-31 五彩平棋

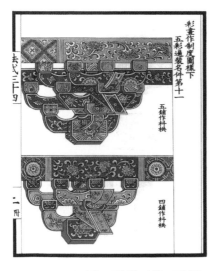

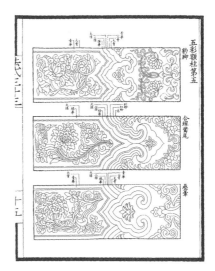

图5-32　五彩遍装　五铺作斗拱　四铺作
　　　　斗拱

图5-33　五彩额柱

五彩遍装的着色方法分为间装与叠晕两部分：

间装之法：青地上的华文，以赤黄、红、绿相间，外棱用红叠晕。红地上华文青、绿，心内以红相间，外棱用青或绿叠晕。绿地上华文以赤黄、红、青相间，外棱用青、红、赤黄叠晕。

叠晕之法：所谓叠晕，是指将颜色按照由浅至深分为若干层次，如青色，自浅色起，先以青华，次以三青，再次以二青，最深的颜色为大青。绘制时，需由浅入深依次晕染，在最浅的青华之外，留粉地一晕，并在大青之内用深墨压心，这样避免了颜色的平涂，华文的效果自然更具表现力。同理，绿色也可分为绿华、三绿、二绿、大绿四个层次，大绿之内以深色草汁罩心；红色分为朱华、三朱、二朱、深朱，深朱之内需用深色的紫矿罩心。

2.碾玉装

碾玉装主要由青、绿两色为主绘制而成，色调清丽脱俗，且内外叠

图5-34　碾玉平棊

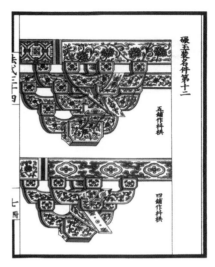

图5-35　碾玉装　五铺作斗拱　四铺作斗拱

晕,闪烁如玉石,故而得名。如梁、拱之类,外棱四周皆留缘道,用青或绿叠晕。碾玉装采用的纹样与五彩遍装类似,华文、琐文、飞仙、走兽等,只是去除了不适于用青、绿二色表现的部分纹样。可以看作在五彩遍装基础上对于色彩和纹样的简化做法[①],见图5-34、图5-35。

3. 青绿叠晕棱间装、三晕带红棱间装

所谓青绿叠晕棱间装,即主要采用青、绿二色,以相间对晕为主要手法而不用华文图案的一种彩画,大多用于住宅、园林及宫殿庙宇中并非主体的建筑的斗、拱之上。若细分,可分为青绿两晕、青绿三晕以及青绿红三晕(即三晕带红棱间装)三种形式。如外棱用青色叠晕,身内使用绿色叠晕,谓之两晕棱间装;当外棱缘道用绿叠晕,次以青叠晕,当心处又用绿叠晕时,谓之三晕棱间装;若外棱缘道用青叠晕,次以红叠晕,当心处用绿叠晕,谓之三晕带红棱间装,见图5-36、图5-37。

---

① 李路珂.初析《营造法式》中的装饰概念[J].中国建筑史论汇刊,2008(00):100-116.

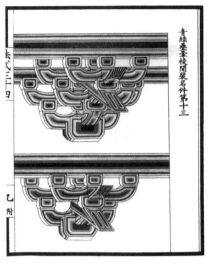

图5-36　青绿叠晕棱间装

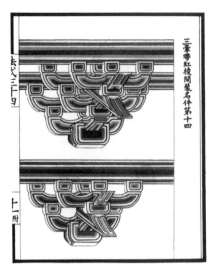

图5-37　三晕带红棱间装

4. 解绿装、解绿结华装

解绿装是一种将梁、额、斗、拱等构件先以土朱刷饰，再用青、绿在构件边缘叠晕装饰的手法。《营造法式》规定"材、昂、斗、拱之类，身内通刷土朱，其缘道及燕尾、八白等，并用青、绿叠晕相间"，即是这个意

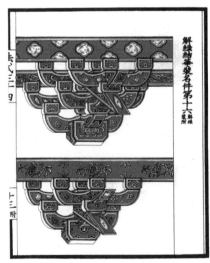

图5-38　解绿结华装

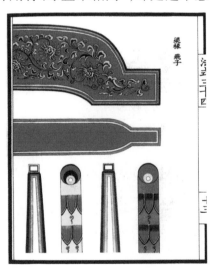

图5-39　解绿结华装　梁椽　飞子

思。而在斗、拱、枋、桁等构件上作朱地，而后在其上绘制各式五彩华文的装饰手法，则称为解绿结华装，见图5-38、图5-39。

5. 丹粉刷饰、黄土刷饰

丹粉刷饰是以土朱遍刷屋舍，再以白粉勾画缘道的装饰方法；若以土黄代土朱，则称为黄土刷饰，整体采用平涂的手法，不做叠晕，是所有彩画类型中流传最为长久的一类。七朱八白是丹粉刷饰中最为常见的一种彩画，其做法是在如梁、枋一类的构件上，先以土朱通刷，再以白粉沿柱间方向刷饰长方形的色块，白块的高度"随额之广"，可取构件高度的1/5、1/6或1/7[①]，色块与色块之间仍为底色的土朱，如刷饰八条白粉色块，其间就呈现七条土朱底色，故称"七朱八白"，构件尽端的白色与柱子相接，称为"入柱白"，实例见于浙江宁波保国寺大殿。当梁、枋构件较短时，还可以根据构件长度的适宜，做成两朱三白或四朱五白等形式。刷饰彩画一般都用于次要房舍，属彩画中的最低

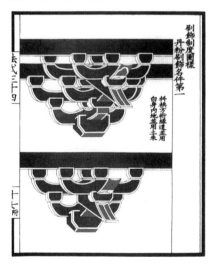

图5-40　丹粉刷饰

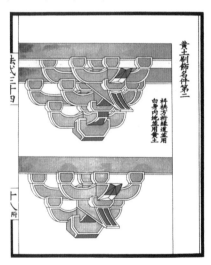

图5-41　黄土刷饰

---

① 李诫.营造法式·卷十四·丹粉刷饰屋舍："檐额或大额刷八白者，随额之广，若广一尺以下者，分为五份；一尺五寸以下者，分为六份；二尺以上者，分为七份，各当中一份为八白。"

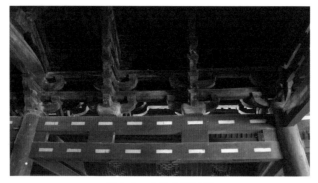

图5-42　七朱八白示意

等级,见图5-40至图5-42。

6.杂间装

杂间装是将不同的彩画类型交错配置的做法。绘制时根据每种彩画原有的制度用色,相间品配,令色彩鲜丽,各以逐等分数为法。常见的杂间装组合形式如五彩间碾玉装、碾玉间画松文装、青绿三晕棱间及画松文间解绿赤白装、画松文卓柏间三晕棱间装,见图5-43、图5-44。

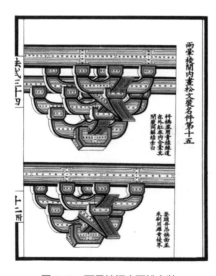

图5-43　两晕棱间内画松文装

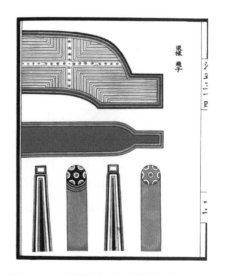

图5-44　两晕棱间内画松文装　梁椽　飞子

┃ 二、彩画的工艺及工序 ┃

彩画的绘制方法大致可分为三个步骤：衬地、衬色与布细色。第一步是衬地，衬地是因为木材本身具有吸水的特性，在木材表面着色时，颜料会渗入木料中而使呈现出的颜色深浅不匀。不同的彩画类型，其衬地的方法也不同。如五彩遍装之地需用白土遍刷，干后再用铅粉刷饰；碾玉装或青绿棱间装则需用青淀和茶土刷饰。如彩画需要贴金，衬地需用鳔胶水，干后刷白铅粉五遍，再刷土朱铅粉五遍。

衬地完成后，再以"草色和粉，分衬所画之物"，最后一步才是在衬色之上布细色、叠晕，或分间剔填。《营造法式》中详细介绍了衬地、调色、衬色以及取石色的方法，见表5-1。

表5-1　调色、衬色、取石色之法

调色之法	白土	先拣择令净，用薄胶汤浸少时。候化尽，淘出细华，入别器中，澄定，倾去清水，量度再入胶水用之
	铅粉	先研令极细，用稍浓水和成剂，再以热汤浸少时，候稍温，倾去。再用汤研化，令稀稠得所用之
	代赭石	先捣令极细，次研；以汤淘取华。次取细者，及澄去，砂石、粗脚不用
	藤黄	量度所用，研细，以热汤化，淘去砂脚，不得用胶
	紫矿	先掰开，捋去心内绵无色者。次将面上色深者，以热汤拨取汁，入少汤用之。若于华心内斡淡或朱地内压深用者，熬令色深浅得所用之
	朱红	以胶水调令稀稠得所用之
	螺青	先研令细，以汤调取清用
	雌黄	先捣次研，皆要极细；用热汤淘细华于别器中，澄去清水，方入胶水用之。忌铅粉、黄丹地上用，恶石灰及油不得相近（发生化学反应）

续表

衬色之法	青	以螺青合铅粉为地(铅粉二份,螺青一份)
	绿	以槐花汁合螺青、铅粉为地(铅粉二份,螺青一份。用槐花一钱熬汁)
	红	以紫粉合黄丹为地(或者只用黄丹)
取石色之法		(1)生青、石绿、朱砂,并各先捣令略细,用汤淘出。向上土、石、恶水不用
		(2)收取近下水内浅色,然后研令极细,以汤淘澄,分色轻重,各入别器中
		(3)先取水内色淡者,谓之青华(石绿者谓之绿华,朱砂者谓之朱华)
		(4)次色稍深者,谓之三青(石绿谓之三绿,朱砂谓之三朱)
		(5)又色渐深者,谓之二青(石绿谓之二绿,朱砂谓之二朱)
		(6)其下色最重者,谓之大青(石绿谓之大绿,朱砂谓之深朱)
		澄定,倾去清水,候干收之,如用时,量度入胶水用之
炼桐油		(1)用文武火煎桐油令清,先炸胶令焦,取出不用
		(2)次下松脂搅候化;又次下研细定粉。粉色黄,滴油于水内成珠,以手试之,黏指处有丝缕,然后下黄丹
		(3)渐次去火,搅令冷,合金漆用。如施之于彩画之上者,以乱丝揩摵用之

第六章
宋代营造习俗与文化

与营造过程相关联的文化习俗是传统营造技艺重要的组成部分，其中包括建造过程中的仪式与礼俗，如奠基、择日、立架、上梁、乔迁等，也包括一些禁忌和趋利避害的做法，如反映在风水中的吉凶观念，反映在营造尺中的尺寸规定，以及反映在民间的谚语和传说，也包括了诸如泰山石敢当之类的一些被赋予合理寓意的民间信仰和约定俗成的乡规民约等，这些都被结合在了营造安排中和技艺做法中，共同构成了营造技艺的整体。

第一节
宋代营造的风水观念

　　我国的风水观念由来已久，风水中集合了古代人民对于天文地理、建筑心理、环境美学等多种理论。两宋时期，风水成为普遍的社会现象，与此时理学的发展、易学的推崇不无关系，理学家通过对阴阳、八卦的研究推演宇宙天地、世间万物的运行。从皇帝权贵到平民百姓，从鸿儒巨学到山林野逸，都不同程度地笃信或学习风水，如朱熹、程颐、程颢、苏轼等文人与官员都曾阐述过风水思想。风水理论影响了宋代皇宫、皇陵的选址布局，也左右达官贵人、平民百姓的选宅置业。宋人关于营造风水的理论更是包含天地山川、城市村落以及阴阳宅居，此时风水流派众多（如形势派、理气派等），风水名家的数量也远胜于其他朝代，著述大量涌现，如宋代国师张子微所著《玉髓真经》、王洙的《地理新书》、廖金精的《金壁玄文》、蔡元定的《发微论》等，经典的风水术书如《葬书》《宅经》《博山篇》等也流行于这个时代。

　　宋代的风水营造观念一定程度上可以看作"天人感应""万物有灵"等思想发展而显现的生态伦理。宋人对于营造风水的重视首先表现在居住环境的选择，或依山傍水、山环水绕，或地势富饶、气象万千。如南宋罗大经说："余行天下，凡通都会府，山水固皆翕聚。至于百家之邑，十室之市，亦必倚山带溪，气象回合①。"居址的选择，需要根据风水理论选择适宜的聚居地。居址环境的好坏，关系到居住家族的昌盛和子孙的富贵，因此被十分看重。这种对宅居环境、位置的考量也包括对阴宅即墓葬选址的重视，如选址于巩义市的北宋皇陵，南对少室山，北靠黄河。赵属"角"音，配合理气派"五音姓利"的风水思想，陵区在山水之间营造出"东南地弯，西北地垂"的整体形态。同时，卜居也是宋代的重要习俗，罗盘、指南针的应用，也为宋人在方位确定上提供了便利。黄妙应在《博山篇》中就相地法、论龙、论穴、论砂、论水等分别叙述，以各项风水要素来考察和踏勘住宅的最佳地点、朝向等，求得人丁旺发、家业丰饶。《调燮类编》卷一"宫室"中记载："宅有五实，令人富厚。宅少人多，一实；宅大门小，二实；墙院周完，三实；宅地相停，无屋少地多之病，四实；宅水从东南流，五实。反是为五虚，主贫耗。桑树不宜做屋料，死树不宜做栋梁，接木为柱，尤不吉祥。梓为木王，屋有此木，则余材不震……枳枸树作屋，屋中酒味薄②。"再如高似孙《纬略》卷十"宅经"载："凡宅东下西高，富贵雄豪。前高后下，绝无门户。后高前下，多足牛马。凡宅地欲坦平，名曰梁土。后高前下，名曰晋土，居之并吉。西高东下，名曰鲁土，居之富贵，当出贤人。前高后下，名曰楚土，居之凶。四面高，中央下，名曰卫土，居之先富后贫。"这种对于宅居高下的选择与判断，可视为宋代人所持的朴素宇宙观与文化心理的表现。

---

① 罗大经撰，王瑞来点校．鹤林玉露·丙编卷六[M]．北京:中华书局,1983.

② 赵希鹄．调燮类编·卷一宫室[M/OL]．http://www.guoxuedashi.com/guji/zx_1714113kapt/.

第二节
宋代营造中的礼俗

　　中国传统营造伴随的风俗仪式自上古时期就已开启,发展至宋代形式更加多元,如鸱吻、石敢当、宅埋掘钱、择树等。宋人在建房过程中已形成了一整套为人们所共同遵循的礼俗事项,这具体表现在选址中的定向,备梁时的断木墩和开木墩,动土时的祭土,砌墙时的石敢当、竖柱,上梁时的抛梁,园屋后的宴请,盘灶后的起火,入宅时的次序,诸亲好友的馈赠和村民们的互助等。选址要高阜干燥之地,忌卑湿,以免房屋地基墙壁受潮倾坏和被大水冲没;同样,营房建筑也要求尽量"择诸爽垲[①]"。定向就是选择房屋的朝向,一般是坐北朝南,这与我国"东南低西北高,夏季盛行东南风,冬季盛行西北风"的地势和气候特征相符合。住宅建在向阳处,使其享有充足的阳光,让房屋干燥,并可以达到冬暖夏凉的目的。动工建造时要请巫师或道士选择黄道吉日。《容斋四笔》卷一中记有"缮修犯土"一则:"今世俗营建宅舍,或小遭疾厄,皆云犯土,故道家有谢土司章醮之文。"从当时的文献来看,宋人不仅建房要择吉日,而且在搬家时同样要选择吉利的日子。宋代房屋上梁时有一些重要习俗,如念唱上梁文、以饼钱抛梁等。上梁文是房屋上梁时的祝颂致辞,北朝时已有关于上梁文的记载,在宋代颇为流行。考察流传下来的宋代上梁文,对象涵盖宫殿、衙署、学校、寺

---

①徐松辑,刘琳、刁忠民、舒大刚校点.宋会要辑稿·兵六[M].上海:上海古籍出版社,2014.

观、亭台各种建筑类型,既有为皇家、官府所作,也有为亲友和自己所作的①。其中比较著名的如杨亿《开封府上梁文》、陈师道《披云楼上梁文》、王安石《景灵宫修盖英宗皇帝神御殿上梁文》、罗愿《爱莲堂上梁文》等。上梁文的写作具有一定的模式化,此处节录苏轼为其自宅所作的《白鹤新居上梁文》为例:

"儿郎伟,抛梁东,乔木参天梵释宫。尽道先生春睡美,道人轻打五更钟。

儿郎伟,抛梁西,袅袅虹桥跨碧溪。时有使君来问道,夜深灯火乱长堤。

儿郎伟,抛梁南,南江古木荫回潭。公笑先生垂白发,舍南亲种两株柑。

儿郎伟,抛梁北,北江江水摇山麓。先生亲筑钓鱼台,终朝弄水何曾足。

儿郎伟,抛梁上,璧月珠星临蕙帐。明年更起望仙台,缥缈空山隘云仗。

儿郎伟,抛梁下,凿井疏畦散邻社。千年枸杞夜长号,万丈丹梯谁羽化。

伏愿上梁之后,山有宿麦,海无飓风。气爽人安,陈公之药不散;年丰米贱,林婆之酒可赊。凡我往还,同增福寿。"

从宋代诸多上梁文来看,大致沿袭前代,但已除去了早期驱邪逐疫性的含义,而带上了强烈的祝贺吉庆的意愿和个人情志。房屋主人搬入造好的房子后,亲戚朋友及邻里要携带礼物上门祝贺,而屋主则要设酒宴招待,此俗时人称为"暖屋"。

宋人建房沿用五行相克的厌胜之术,也发展出许多新的祈福与辟邪之俗,其中常见的有"瓦覆纸人"和石敢当。"瓦覆纸人"是一种模仿巫术,在宋代泥瓦匠中颇为流行。石敢当在宋代的使用也较前代更为

---

① 松田佳子.宋代上梁文初探[J].宋代文化研究,1999(00):279-292.

广泛,如《舆地纪胜》载道:"庆历中,张纬宰蒲田,再新县治得一石铭,其文曰'石敢当,镇百鬼,压灾殃,官吏福,百姓康,风教盛,礼乐张。唐大历五年,县令郑(押字记)。'①"发展至南宋末期,路口、桥头、村落入口等位置多有安置石敢当以压制邪气、化解冲煞②。而在家门口设置石狮子,则是达官贵人家庭的惯例,时人称之为镇宅狮子。此外,还有用其他东西压胜的。鸱吻、兽头也是当时常见的辟邪物,它由南北朝以后的鸱尾发展而来,其形状是张口吞脊,尾翘卷。《萍州可谈》卷二曰:"宫殿置鸱吻,臣庶不敢用,故作兽头代之,或云以禳火灾。今光州界人家屋皆兽头,黄州界唯官舍神庙用之,私居不用,云恐招回禄之祸。相去百里,风俗便不同③。"

第三节
宋代营造的文化解读

传统营造技艺包含了设计与施工、技术与艺术的高度统一。"櫼栌枅柱之相枝,规矩准绳之先治;五材并用,百堵皆兴。唯时鸠僝之功,遂考翚飞之室④。"一座或一组建筑的完成,有赖于天时地利,依靠取自自然的材料,仰仗匠人们精心的设计、缜密的计划、无间的配合。早在春秋末期,《考工记》中就曾写道:"天有时,地有气,材有美,工有巧。

---

① 王象之. 舆地纪胜[M]. 北京:中华书局,1992.

② 杨柳. 风水思想与古代山水城市营建研究[D]. 重庆:重庆大学,2005.

③ 朱彧. 萍州可谈[M]. 北京:中华书局,2007.

④ 李诫. 营造法式·进新修营造法式·序[M]. 杭州:浙江人民美术出版社,2013.

合此四者,然后可以为良。"虽然宋代营造中的"设计"概念必不同于今日,但通过文献中对于宋代营造活动的记载,其包含的建筑设计的意味已然明确。无论是事先周密的筹划、对于工程预算的推敲、对于基址的现场勘查,还是如地盘图、侧样图等图纸的绘制,以及对于营造对象模型、文字的说明,都在《营造法式》中有所体现,可以说其设计的意味是"通过营造的程序才得以完成其内容的表达[①]"。

中国传统木结构建筑营造技艺根植于中国特殊的人文与地理环境,是在特定自然环境、建筑材料、技术水平和社会观念等条件下的历史选择,反映了中国人营造合一、道器合一、工艺合一的理念[②]。宋代作为中国历史中文化繁盛的精彩时期,其农业、手工业和商业较前代都有长足的进步,科学技术领域更是收获丰厚,如指南针、活字印刷、火器等。伴随着社会各阶层物质和精神生活的变化,宋代的城市景观环境日趋艺术化,无论宫殿、陵墓,抑或寺观、园林,都注重文化的表达和艺术的体验。建筑的内部、外部空间和建筑的单体、群体造型均着意追求序列、节奏、高下、主次的变化,形式多样,风格典雅。在营造技术方面,建筑的模数制度、建筑构件的制作加工与安装,以及各种装修装饰手法的处理与运用,都趋向精细化、规范化、体系化、艺术化。营造技艺的发展并非一朝一夕,宋代营造技艺因《营造法式》的存在让我们得见其成熟的技艺与严密完善的生产组织规范,"栋宇绳墨之间,邻于政教[③]"。传统营造技艺发展的背后,是政治、经济与文化的共同推力,是一个时代科技水平与工巧、思想观念与审美意象的凝结,是一代代匠人在实践中不断传承、积累和完善的果实。

---

① 张玉瑜.福建传统大木匠师技艺研究[M].南京:东南大学出版社,2010.

② 刘托.中国传统建筑营造技艺的整体保护[J].中国文物科学研究,2012(4):54-58.

③ 李华.全唐文·卷三百一十四.

宋代建筑

结语

"吾人幸获有此凭借,则宜举今日口耳相传,不可长恃者,一一勒之于书,使如留声摄影之机,存其真状,以待后人之研索。非然者,今日灵光仅存之工师,类已踯躅穷途,沉沦暮景,人既不存,业将终坠,岂尚有公于世之一日哉①。"

——朱启钤《中国营造学社开会演讲词》,1930

"……在近几年进行维修工程中,工艺技术多失其真,伤损古建筑结构上科学之工程和传统建筑之艺术性,而对祖国建筑在色彩艺术上更多失去旧样。长此以往,再过若干年,则祖国历史建筑面目全非。过去中国建筑工艺技术、师徒之间,大都为口耳相传,结合施工实践而传于世,现在老一辈哲匠大师,已多衰老,所掌握工艺技术又无机以传。为了使擅长传统工艺技术的哲匠能继续传于世,拟通过音像手段保留下来②……"

——单士元,1992

早在20世纪30年代,以一部《营造法式》为契机,创办中国营造学社的朱启钤先生,已经洞察到保护传统营造技艺和传承人的重要性。

20世纪90年代初,作为营造学社的成员,时任故宫博物院院长的单士元先生有感于老工匠的不断离世和传统技艺的濒危失传,也呼吁过抢救传统营造工艺的重要性和紧迫性。他特别向国家文物局提交报告,建议采用录音录像对古建界的老师傅和传统营造技艺进行记录,用现代化的手段保存活态遗产。

2009年9月,由中国艺术研究院建筑研究所负责申报的中国传统木结构营造技艺入选联合国人类非物质文化遗产名录。

10多年来,越来越多的传统建筑营造项目和代表性传承人被列入保护范围,用录音录像的方法对传统工匠及工艺进行记录,也成为营

① 朱启钤.中国营造学社开会演讲词[J].中国营造学社汇刊 第一卷 第一册,1930.
② 转引自刘瑜《北京地区清代官式建筑工匠传统研究》。

造技艺保护中普遍采用的方法。伴随传统建筑营造技艺概念的深入人心，传承保护工作持续推广，传统营造技艺得到了越来越多的关注和重视。在建筑史学与文化遗产保护的基础上，更多学者的加入、更多学科的交叉，带来了对传统营造技艺保护工作更全面、更深入的探索。时代的前进和研究的深入拓宽了营造技艺保护的概念与边界，也为我们带来了新的问题与思考。

长期以来，我国对传统建筑的保护主要通过确定各级文物保护单位的形式，侧重"有形"层面，但传统营造技艺与文物本体关系密切，不能因其"无形"将二者分而治之。首先应建立整体性的保护理念，形成更准确的价值评估体系，从而全面指导保护实践。面对传统营造技艺的存续问题，除了系统的研究与记录，重点是提升营造技艺的实践频次、保障后继人才的规模与技艺水平。如何在修复及重建过程中把握好传统材料、传统工序、传统技艺、传统工具、传统习俗，将传统营造技艺与现代文物保护技术合理地应用于当下的保护工程中，是营造技艺传承延续的必经之路。对于宋代营造技艺的保护，可以从文物建筑的研究性修缮工作切入，在实践中传承，在传承中保护，使物质与非物质相互配合，以营造技艺研究建筑，以建筑实体探究营造技艺。同时还应加强传统营造技艺的展示与宣传，形成全方位的保护体系。

传统营造中凝结了我国传统文化中人与天地、世界和谐有序的普遍共识，承载与见证了千百年来延续至今的文化与精神。在今天研究传统营造技艺并不仅为"重塑往昔"，对宋代营造技艺的保护与研究所成全的，更像是留存一种"可触摸的历史"，用以面对现实和未来，去观察、去充实集体对于文化遗产价值的认知，将我们自己包容进更大的文化回声中去。以非物质文化遗产角度切入的宋代营造技艺研究，融合了对营造方式、营造参与者与营造制度多方面的考查，必将与针对建筑本体的研究构成一体两面的研究成果，共同推动学科向前发展。

朱启钤先生曾为营造学社题写:"是断是度是寻是尺,如切如磋如琢如磨。"近百年后再读时,感怀传统营造事业中先辈们的气度与精神,也是所有行于中国传统建筑营造保护路途上学人的立心与力行。

附录

| 传 承 人 物 |

　　传统营造技艺的传承方式：一是通过匠人的口耳相传，二是通过文献记载和文物建筑的表现。传统营造的工匠们或师徒相承，或父子传授。在某些技艺上，也往往呈现出区域性或血缘性的特点。而随着时间的推移，匠人口耳相传因传承不科学而导致许多重要的信息缺失，而文献记载因为术语晦涩难懂或时间久远字义变化等各种原因，使得今天我们在认识宋代的营造技艺方面面临着不小的困难，见图a-1至图a-4。

图a-1　石作带徒

图a-2　木作带徒1

图a-3　木作带徒2

图a-4　瓦作带徒

图a-5 李诚

1. 李诚

李诚(公元1035—1110年),字明仲,河南郑州管城县人,见图a-5,北宋大观四年(公元1110年)二月卒于河南,葬郑州管城县梅山。李诚出身于官吏世家,元祐七年(公元1092年)入将作监任职,在其22年为官生涯中,有13年在将作监供职。他从最下层的主簿官职做起,共升迁16级,至将作监,最后官至中散大夫,将一生的精力贡献于营造事业。

李诚虽然不是工匠出身,不是非物质文化遗产保护意义上的持有人或传承人,却是实际意义上的营造遗产的保护人。中国营造学社的奠基人朱启钤先生总结说,我国历来文学与技术相分离,"得其术者,不得其原;知其文字者,不知其形象[1]",而李诚的《营造法式》正是沟通了二者——"一洗道器分涂[2]"。李诚是古代典型的工官,他所任职的将作监不仅要领导具体的营造项目,同时还要负责制定建筑管理的政策法令,储备工程所需的人力物力,管理工匠,并向工匠们传授技术规范和法规,制定劳动定额,汇报建设账目,还包括管理河渠、修缮道路等其他事项[3]。所以李诚虽未操斤弄斧,但通过实际的营造工程和事务对营造技艺已熟稔于心,多年将作监的任职使其"考工庀事,必究利害,坚窳之制,堂构之方,与绳墨之运,皆已了然于心[4]",成为名副其实的哲匠和专家。因而他编修《营造法式》时能够做到"上导源于旧籍之遗文,下折中于目验之时制[5]",实现他所追求的"授法庶工,使栋宇器用不离于轨物[6]"。李诚一生参与完成了诸多营造项目,如宫殿、王府、太庙、辟雍、尚书省、城门、寺庙、明堂等,当时凡国家级的重要工程,皇

① 朱启钤.中国营造学社开会演词[J].中国营造学社汇刊 第一卷 第一册,1930.

② 朱启钤.中国营造学社缘起[J].中国营造学社汇刊 第一卷 第一册,1930.

③ 郭黛姮.中国古代建筑史·第三卷·宋、辽、金、西夏建筑[M].北京:中国建筑工业出版社,2009:751.

④、⑥ 程俱.北山小集(北山集)·卷三十三·劝农使赐紫金鱼袋李公墓志铭(四库全书·集部·别集类).

⑤ 朱启钤.李明仲八百二十周忌之纪念[J].中国营造学社汇刊 第一卷 第一册,1930.

帝必诏李诫上朝商议。

除去营造专业之外,李诫也博学多艺,他擅书画,通金石,懂音律,著述丰厚且有广泛的爱好与特长,家中"藏书数万卷,其手钞者数千卷",且"篆、籀、草、隶皆能入品[1]"。皇帝得知他的画作"得古人笔法",便降旨求画,李诫以《五马图》进献皇帝。此外,李诫还著有《续山海经》十卷、《续同姓名录》二卷、《古篆说文》十卷、《琵琶录》三卷、《马经》三卷、《六博经》三卷。遗憾的是这些典籍均已失,只有《营造法式》传世。

2. 朱启钤

朱启钤(公元1872—1964年),字桂辛,清光绪年间举人,见图a-6,曾为京师大学堂译学馆监督和京师巡警厅厅丞。辛亥革命后在北洋政府中任职,曾任北洋政府交通总长、内务总长、代理国务总理。朱启钤先生除了官员的身份之外,还是杰出的实业家、古建筑研究者与文物收藏家。

图a-6 朱启钤

1919年,朱启钤赴上海出席南北议和会议,途经南京时,在江南图书馆发现宋代《营造法式》抄本,次年即影印行世,即"丁本"。随后,朱启钤请藏书家、版本目录学家陶湘等人利用文渊、文溯、文津三阁《四库全书》本汇校,于1925年由商务印书馆出版《仿宋重刊本李明仲营造法式》,即"陶本"。同时朱启钤自筹资金发起民间学术团体"营造学会",组织一批学者共同搜集、整理和研究中国古代营造学散佚的古籍。1929年得到中华教育文化基金会资金赞助,随即于1930年1月,在北平东城宝珠子胡同7号朱启钤寓所内成立中国营造学社。2月16日,朱启钤先生在营造学社大会上发表演讲时讲道:"吾民族之文化进展,其一部分寄之于建筑,建筑于吾人最密切,自有建筑,而后有社会

---

[1] 程俱. 北山小集(北山集)·卷三十三·劝农使赐紫金鱼袋李公墓志铭(四库全书·集部·别集类).

组织,而后有声名文物……总之研求营造学,非通全部文化史不可,而欲通文化史非研求实质之营造不可①。"

朱启钤正是以宏阔的文化背景为基点,去思考和关注"中国营造之学"。其在学社内首先设立了法式部与文献部,组织学社成员以对《营造法式》等文献古籍进行研究作为对中国传统营造研究的基础,可以说以此为起点的对于《营造法式》的研究成为中国建筑史学恒久而闪耀的命题。同时学社还收集整理了一批古代建筑典籍,编纂《哲匠录》,对自古以来的营造工匠进行专门的记录。朱启钤长期以来搜集整理了许多流传民间的则例抄本,内容涉及大木作、小木作、土作、瓦作、石作、琉璃瓦料作等做法、材料重量及人工估算等方面。这些则例中估算的分量较多,朱启钤统称它们为"营造算例"。这些形形色色的抄本与官订的《工部工程做法则例》有所不同,大多是匠人自己总结出来做法、口诀或简算法,也有从样房算房流传出来的做法。这些算例后期经梁思成、刘敦桢等人整理,发表于《营造学社汇刊》中②。

纵观营造学社的历程,朱启钤在此间像一位运筹的领路人,其创办的营造学社作为近代中国社会第一个专门的传统建筑营造研究机构,创造性地运用文献考据实证和实地考察测绘相结合的方法来研究,使中国建筑史学研究无论在研究方法,还是在学科创建等方面,都开辟了一个崭新的时代,为传统营造的研究打下了坚实的基础③。

3. 梁思成

梁思成(公元1901—1972年),广东省新会县人,1901年4月20日生于日本东京,是梁启超的长子,见图a-7。回国后入北京清华学堂,1924年赴美,先后就学于宾夕法尼亚大学、哈佛大学研究院,获建筑学

① 朱启钤.中国营造学社开会演词[J].中国营造学社汇刊,第一卷第一册,1930.
② 孙江宁.厚德载物 惠泽天下[D].北京:中国艺术研究院,2003.
③ 温玉清,王其亨.中国营造学社学术成就与历史贯献述评[J].建筑创作,2007(6):126—133.

硕士学位。1928年回国,同年创办东北大学建筑学系,任系主任。1934年赴京入营造学社,任法式部主任,自此开始了中国古建筑的研究工作。1946年梁思成再度投身建筑教育,在清华大学创办了营建系,并任系主任、教授。同年又赴美考察、讲学,获普林斯顿大学名誉文学博士学位。回国后即在清华大学长期从事建筑教育及建筑史研究工作。1972年逝世。

图a-7 梁思成

　　1925年,24岁的梁思成收到了父亲梁启超寄给他的《营造法式》,正是朱启钤、陶湘费时7年、耗资5万多元印刷出版的陶本《营造法式》,并随书附信道:"一千年前有此杰作,可为吾文化之光宠也已。"这本书,开启了梁思成投身研究中国古代建筑史的人生旅程。梁思成后来在《营造法式注释》的序言中写道:"公元1925年(《营造法式》)'陶本'刊行的时候,我还在美国的一所大学的建筑系做学生。虽然书出版后不久,我就得到一部,但是一阵惊喜之后,随着就给我带来莫大的失望和苦恼——因为这部精美的巨著,竟如天书一样,无法看懂。"

　　加入学社后的梁思成,一边查考中国古建筑遗迹,一边进行《营造法式》的研究,他将《清工部工程做法》和《营造法式》作为中国古建筑的两部"文法"课本。1940年在李庄的日子里,梁思成除了对宜宾周边部分古建筑进行测绘之外,他把主要精力都用在了研究《营造法式》和撰写《中国建筑史》上。1940年底,梁思成开始对《营造法式》进行系统而具体的"注释"工作。此时的梁思成,有了以往校勘《营造法式》版本和文字的基础,以及成功"翻译"了《清工部工程做法》的经验,更有历时多年实地考察诸多古建筑的资料,特别是对唐、宋、辽、金现存实物木构建筑的深入研究。梁思成决定采取先"图解"后"文解"的方法,对《营造法式》进行系统的"翻译"和"注释"。在"图解"工作中,梁思成要求自己及参与这一工作的莫宗江和罗哲文两位助手,"必须体现在对个别构件到建筑整体的结构方法和形象上,必须用现代科学的投影几何的画法,用准确的比例尺,并附加等角投影或透视的画法表现出来"。梁思成认为这种绘图的工作"有助于对'法式'文字的进一步理解,并且可以暴露其中可能存在的问题"。梁思成带领两名助手除了把《营造法式》中"不准确、不易看清楚的图样'翻译'成现代通用的'工程化'"之外,他们还对其中"文字虽写得足够清楚、具体而没有图"的内容,"也酌量予以补充"或"尽可能用适当的实物照片予以说明"。在"文解"的过程中,梁思成将工作分为两个部分,"首先是将全书加标点符号",以便读者在阅读时,"能毫不费力地读断句";其次是"尽可能地加以注释",将一些难以读懂的部分翻译成现代汉语,并在文字的注释中加入小插图或实物照片"给予读者以形象的解释"。到了1945年抗日战争胜利前夕,梁思成带领两名助手已经完成了"壕寨制度""石作制度"和"大木作制度"等图样,以及部分文字的注释工作①。

在对宋《营造法式》的注释和整理中,梁思成以工匠为师,以"大木"结构为基本文法,由远及近,由表及里,相互参校印证,从而将晦涩难懂的典籍弄懂弄通,为宋代营造技艺的研究开辟了道路。

4. 刘敦桢

刘敦桢(公元1897—1968年),字士能,号大壮室主人,湖南新宁人,见图a-8。早年曾就学于日本东京高等工业学校(现东京工业大学)建筑科,1922年回国后,与柳士英等人创办了我国第一个由华人自行经营的华海建筑师事务所,后执教于长沙、苏州。1930年应邀加入中国营造学社,1932年出任专职研究员及文献部主任,与法式部主任梁思成共同负责传统营造研究工作,致力于古建筑文献的发掘和考订,以及对华北广大地区古代建筑遗物的调查与测绘。全面抗战爆发后,他和学社部分成员先后转移到云南昆明和四川李庄,继续开展对西南地区古建筑的调查与研究。

---

① 刘托,王颢霖,谢宛鹿.梁思成:宗匠一意[J].传记文学,2016.

刘敦桢学识渊博,功底深厚,治学严谨精微,学风上素享美誉,一生兢兢业业,著述甚勤,成果颇丰。出版专著《中国住宅概说》(1956年),《苏州古典园林》(1979年),此外发表学术论文数十篇。新中国成立后由他主编的《中国古代建筑史》至今仍是中国古代建筑通史的权威著作。刘敦桢一生献身于中国传统建筑的整理和研究工作,与梁思成一道奠定了中国建筑史学的基础。

图a-8　刘敦桢

| 研 究 成 果 |

目前国内对于宋代营造的研究工作大致可分为三类:

第一类是对宋《营造法式》一书的校勘、注疏工作,是对宋代营造研究的起点。《营造法式》历经元、明、清多代,大小抄本不下十几个。著名的如明代流传的《永乐大典》本、范氏天一阁本、唐顺之《稗编》抄本、明末清初钱谦益降云楼抄本,清代流传的天一阁抄本(即明抄本)、述古堂抄本(即降云楼抄本)、丁丙八千卷抄本、陈氏带经堂抄本等。1920年、1925年"丁本"和"陶本"《营造法式》相继刊行①。在对《营造法式》价值的深刻体认下,1930年初,朱启钤先生于北平创办营造学社,学社随即对《营造法式》一书的解读开展了一系列相关工作。在以丁本、陶本与文渊、文津、文溯三本互勘的基础上,1930年4月,由阚铎完成了《营造法式》的覆校工作,其成果以《仿宋重刊〈营造法式〉校记》一文发表于《中国营造学社汇刊》第1卷第1册。1932年,陶湘在故宫的

---

①1919年,朱启钤先生于江南图书馆发现嘉惠堂丁丙八千卷抄本《营造法式》。次年,由商务印书馆影印发行,称为丁本《营造法式》。之后,著名藏书家陶湘勘校丁氏抄本,《四库全书》文渊阁、文津阁、文溯阁抄本,按宋残页形式重新绘制近百幅彩图,在1925年刻版刊行,称为陶湘本。1930年,朱启钤等人于北平正式创办中国营造学社。1932年,故宫发现宋抄本。

殿本书库中又发现了《营造法式》抄本,其版面格式与宋本残页相同,但是卷后有平江府重刊的字样,与绍兴的许多抄本相同。除此之外,还有述古堂主人之印,引发了学社同人对《营造法式》再次进行详细的校勘。这次重校工作由刘敦桢、梁思成、谢国桢、单士元等人完成。贯穿20世纪三四十年代,学社系统地对相关古建进行实物调查测绘。在总结测绘调查成果的基础上,梁思成先生与学社同人展开了对《营造法式》注释的专门工作,完成了壕寨、石作、大木作的部分图样。时至1961年,清华大学重新为梁思成配备了科研助手,继续开展《营造法式》的注释工作①。至1978年,由徐伯安、郭黛姮等学者继续进行整理与校对工作。1983年中国建筑工业出版社正式出版了《〈营造法式〉注释(卷上)》②,并于2001年在《梁思成全集》的第七卷中出版了全部的注释成果③。至此,学社初期决意改编《营造法式》为通俗读本,使其"切实明了"的初衷得以实现,半个多世纪倏然已过。

在此基础上的第二类是针对《营造法式》中的具体做法、构件形制或其蕴含的营造思想进行的深入探究,如徐伯安、郭黛姮、傅熹年、王贵祥、张十庆等诸多学者,从不同角度切入,撰写了大量相关论文,贡献了宝贵的研究成果。1981年,由文物出版社出版的《营造法式大木

---

① 此项工作至1966年停滞,据郭黛姮先生回忆,"……由于同事们在梁思成的带动下苦干加巧干,很快就完成了《营造法式》大部分的注释工作,并及时整理出《营造法式注释》上册,准备送出版社出版,同时继续下册的注释和绘图工作。这时,预料不及的'四清'运动又来了,致使研究工作无法开展下去……梁思成继续进行《营造法式》下册的注释工作,但其他的助手都被安排去从事别的工作,只有徐伯安一人协助梁思成坚持研究工作。就是在这种充满艰难险阻的情况下,梁思成和徐伯安竟然将《营造法式注释》下册的图画出来了,同时还画出了小木作图30余幅。1965年9、10月份,我和一些参加'四清'运动的同事还没有回校。梁思成仍然在坚持《营造法式》的注释工作,文稿已全部写出来,但还没有图样,无法交出版社出版。"转引崔勇:中国营造学社研究[M].南京:东南大学出版社,2004.

② 整理工作得到祁英涛、杜仙洲、刘致平、陈明达、傅熹年、单士元、王璞子、于倬云、张驭寰、邓广铭、陈从周、郭湖生等学者的积极响应。参考温玉清.二十世纪中国建筑史学研究的历史、观念与方法[D].天津:天津大学,2006.

③ 主要由徐伯安先生负责整理编辑,参考成丽.宋《营造法式》研究史初探[D].天津:天津大学,2010,139-140.

作制度研究》[①],系统地呈现了陈明达先生对大木作营造制度研究的成果,一定程度上也阐释了其对宋代营造中"结构理性"的理解。潘谷西先生亦在1980年、1981年、1985年及1990年分别于南京工学院学报发表了四篇以《〈营造法式〉初探》为题的系列文章,分别介绍了《营造法式》与江南建筑的关系、《营造法式》内容的局限性、宋代官式建筑的分类、宋代建筑剖面与立面的设计,以及《营造法式》作为北宋政府制定的建筑施工规范,其性质与特点,并提出了研究工作中自己的见解与看法。东南大学出版社于2005年出版了潘谷西与何建中先生合著的《〈营造法式〉解读》,即在前四篇"初探"的基础上,总结了20年来研读《营造法式》的心得。2010年7月,天津大学出版社出版了《〈营造法式〉辞解》,由王其亨、殷立欣、丁垚等学者及天津大学建筑学院建筑历史理论研究所的师生根据陈明达先生遗稿编辑整理而成。此类研究在数代学者的努力下不断充实领域、完善内容,近年来涌现出一批细致、有深度的优秀成果,如对《营造法式》功限、料例、彩画、石作、小木作、立灶以及针对具体概念、问题的研究[②]。同时随着对《营造法式》研究的不断深入,对《营造法式》研究史的研究工作也有诸多成果,如对版本、术语、文法的研究等[③]。

第三类则是将宋代营造置于建筑史或技术史的研究背景下,对建筑的设计形态、结构技术、艺术特征等方面进行系统的分析与研究。如中国建筑工业出版社2003年出版的由郭黛姮先生主编的《中国古代

①陈明达. 营造法式大木作制度研究[M]. 北京:文物出版社,1981.
②郭黛姮.《营造法式》研究回顾与展望[J]. 建筑史,2003(3):1-11,284. 附录二中列举了时至2002年的营造法式研究文献。成果众多,仅举例。对尺度与模数问题的探讨如徐怡涛先生《〈营造法式〉大木作控制性尺度规律研究》,杜启明先生《宋营造法式设计模数与规程论》,朱永春、林琳《〈营造法式〉模度体系及隐性模度》;彩画研究如李路珂博士《营造法式彩画研究》,吴梅博士《营造法式彩画作制度研究和北宋建筑彩画考察》;小木作研究如俞莉娜博士《营造法式"转轮经藏"制度的设计技术及尺度规律——兼谈〈营造法式〉小木作建筑的设计特征》等。
③如徐怡涛先生《对北宋李明仲〈营造法式〉镂版时间的再认识》,赵辰先生《"天书"与"文法"——〈营造法式〉研究在中国建筑学术体系中的意义》,成丽博士《宋〈营造法式〉研究史初探》,王其亨、刘江峰先生《〈营造法式〉文献编纂成就探析》等。

建筑史·第三卷·宋、辽、金、西夏建筑》,中国科学院自然科学史研究所编写的《中国古代建筑技术史》,以及陈明达先生的《中国古代木结构建筑技术(战国—北宋)》等。近年来清华大学、东南大学、天津大学、北京大学考古文博学院、太原理工大学等团队均有诸多成果,多学科的交叉与引入,更为细化的研究方法,更加充分全面的研究对象,无论从历史的角度探讨宋代营造在整个建筑史中的发展变化,或以具体的宋代建筑切入综合探讨其技术做法,都将宋代建筑营造的研究推入了更深的层次①。

自营造学社对宋代营造解读初始至今,90年弹指一挥间,数代学者毕生贡献于此,对宋代营造的研究不仅是一个循序渐进的过程,更是一个随着时代不断发展、深化、更新的过程。近年来,随着非物质文化遗产研究的不断深化,营造技艺的保护与传承工作需要系统的理论支持。2013年,由安徽科学技术出版社出版的"中国传统建筑营造技艺丛书",由中国艺术研究院建筑艺术研究所主持编写,选取了国家级非物质文化遗产中极富代表性的10个传统营造技艺项目,为当下非物质文化遗产保护推进中,传统建筑营造技艺的记录、梳理、研究工作提供了切实的思路与方向。

---

① 如东南大学乔迅翔博士的《宋代建筑营造技术基础研究》,将文献与传统营造技术结合,全方位审视了宋代营造技术;以地域类研究对象切入的如徐怡涛先生的博士论文《长治、晋城地区的五代、宋、金寺庙建筑》,喻梦哲博士《晋东南五代、宋、金建筑与〈营造法式〉》,徐新云先生《临汾、运城地区的宋金元寺庙建筑》,周淼博士《法式化:12世纪〈营造法式〉作法在晋中地区的传播与融合》;以具体建筑切入研究如张十庆先生《保国寺大殿的材栔形式及其与营造法式的比较》《北构南相——初祖庵大殿现象探析》,王辉先生《试从北宋少林寺初祖庵大殿分析江南技术对〈营造法式〉的影响》,清华大学刘畅、孙闯先生《保国寺大殿大木结构测量数据解读》《少林寺初祖庵实测数据解读》,杨新平《保国寺大殿建筑形制分析与探讨》,孙闯《华林寺大殿大木设计方法探析》,孙闯、刘畅、王雪莹《福州华林寺大殿大木结构实测数据解读》;复原研究如王贵祥先生《见于史料记载的几座两宋寺院格局之复原探讨》,张十庆先生《保国寺大殿复原研究——关于大殿瓜楞柱样式与构造的探讨》,清华大学董伯许《基于宋〈营造法式〉大木作制度的宋代楼阁复原设计研究》、吴嘉宝《两宋时期文献记载中的几座佛教寺院佛殿建筑复原研究》,北京建筑大学王奇《南宋临安太庙建筑复原推测性研究》、张筱晶《基于宋〈营造法式〉的城楼建筑研究》。

宋代营造技艺的代表遗构

1. 隆兴寺

中国现存时代较早、布局较为完整的大型寺院,位于河北正定县城东门,原为十六国时期后燕慕容熙的龙腾苑旧址,隋文帝开皇六年(公元586年)在苑内改建寺院,初名龙藏寺。宋初开宝四年(公元971年)宋太祖赵匡胤敕命扩建,改名为龙兴寺。清康熙、乾隆年间两次增建,并改名为隆兴寺,因寺内供奉着一尊巨大的铜铸菩萨,因此又俗称大佛寺。寺院占地面积约5万平方米,平面呈长方形,布局和建筑保留了宋代的建筑风格,主体建筑都分布在南北中轴线及其两侧,依次为天王殿、大觉六师殿、摩尼殿、戒坛、慈氏阁、转轮藏阁、御碑亭、大悲阁、弥陀殿等。见图b-1至图b-3。

位于中轴线前部的摩尼殿是宋代建筑的精品,始建于北宋皇祐四年(公元1052年),殿堂式构架,面阔进深都为七间,平面布局呈"十"字形,四面正中各出抱厦,重檐九脊歇山顶,遍覆灰瓦,周边有绿琉璃瓦剪边,为明清时期的遗物,在修缮时保存下来。摩尼殿形式极富变化,采用的斗拱类型有二十多种,见图b-4、图b-5。

位于中轴线后部的大悲阁是寺内的主体建筑,面阔七间,进深五间,阁高33米,五檐三层,歇山顶上覆盖着绿琉璃瓦。根据文献记载,阁建于北宋开宝年间(公元968—975年),1944年重修。现存阁内的一尊千手千眼观音铜像和石雕须弥座为宋代遗物。铜像高22米,面容端庄清秀,衣纹线条流畅飘逸,观音像有四十二

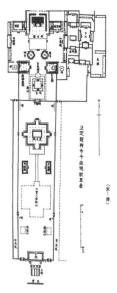

图b-1 梁思成《正定古建筑调查纪略》中所绘隆兴寺平面示意图

图b-2 转轮藏殿

图b-3 转轮藏

图b-4 摩尼殿

图b-5　摩尼殿内斗拱

臂,分别手持日、月、剑、杖等各式法器。须弥座的壶门内装饰有植物
纹样、乐伎、力士等雕刻精品,见图b-6、图b-7。

图b-6　大悲阁

图b-7　大悲阁内景

图b-8　转轮藏　关野贞1918年摄《中国文化史迹》

转轮藏殿因其内的转轮藏得名,转轮藏是唐宋时期颇为流行的一种经书存放装置。隆兴寺的转轮藏是国内现存最古老的转轮藏,外槽呈八角形,每一面为三开间,内槽为圆形,分为藏座、藏身、藏顶三部分,雕刻精美。其整体可以旋转,中心为一根立轴,轴下的藏针承载着整座转轮藏的重量。转轮藏本身是极具价值的小木作精品,用来安置转轮藏的转轮藏殿,结构更加精妙,采用了移柱的做法,同时在当心间檐柱柱头的位置安置弯梁,与承重梁衔接,以减轻承重梁的荷载,见图b-8。

2. 晋祠圣母殿

圣母殿位于山西太原晋祠,晋祠始建于北魏前,原为纪念周武王的次子叔虞而建。武王灭商之后,分封诸侯,把次子叔虞封于唐。郦道元《水经注》记载的"际山枕水,有唐叔虞祠",说的就是晋祠。晋祠经过了多次的修建,南北朝天保年间(公元550—559年)扩建,"大起楼观,穿筑池塘";唐贞观二十年(公元646年),太宗李世民游晋祠撰《晋词之铭并序》碑文,又一次扩建;北宋天圣年间(公元1023—1031年)追封唐叔虞为汾东王,并为其母邑姜修建了规模宏大的圣母殿。

祠内建筑以圣母殿为主体,沿东西方向的中轴线依次布置有大门、水镜台、会仙桥、金人台、对越坊、钟鼓楼、献殿、鱼沼飞梁、圣母殿,形成了富于节奏感的祭祀空间。其中鱼沼飞梁连接圣母殿与献殿,飞梁南北两翼下斜至沿岸,四周有勾栏围护,整个桥体平面成"十"字形。这种形制奇特、造型优美的桥梁形式,在中国桥梁史上殊为少见。圣母殿是现在晋祠内最古老的建筑,始建于北宋天圣年间,殿高19米,采用重檐歇山顶,面阔七间,进深六间,副阶周匝,柱子有明显的生起和侧脚,殿前的八根廊柱上均装饰有一条木雕盘龙,造型各有不同。殿的内部采用彻上明造和减柱的做法,保存了更多空间。殿内有彩塑43尊,均是宋代原作,主像圣母端坐在木制的神龛里(神龛为后代所制),其余42尊侍从分列龛外两侧。圣母凤冠蟒袍,神态端庄,侍从们手中各有所奉,或侍饮食起居,或梳洗洒扫等,神情生动、工艺精美,是宋代宫廷生活的生动写照。晋祠整体空间层次丰富,在大量的造型不同的建筑、形态多变的水景、古木组合中形成了优美灵动的园林景观,见图b-9至图b-16。

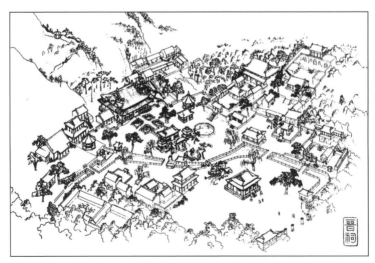

图b-9　晋祠鸟瞰图

图 b-10 圣母殿

图 b-11 盘龙柱

图 b-12 圣母殿副阶 1

图b-14　圣母殿细部1

图b-13　圣母殿副阶2

图b-15　圣母殿细部2

图b-16　圣母殿檐下塑像

3. 保国寺大殿

保国寺大殿位于宁波,创建于北宋大中祥符六年(公元1013年),大殿于清代康熙和乾隆年间改建过,其中中间面阔三间、进深三间以及大殿上檐下的构架是宋代遗存(下檐为清代后加,此处只讨论宋代部分)。大殿平面呈纵向的长方形,有意扩大前槽的深度,以便容纳更多的信徒顶礼膜拜。为与此结构相适应,前槽装有三个藻井,设计巧妙,制作工整。因为藻井较低,其后供奉佛像的空间高旷,形成低、高空间的强烈对比。这种经过"设计"的礼佛空间显得格外隆重,很好地烘托了主佛"妙法庄严"和"至高无上"的气氛。

保国寺大殿的斗拱体量十分突出,外檐铺作为檐柱高度的39%。外檐的柱头、补间和转角铺作都采用七铺作双杪双下昂单拱造,补间铺作当心间有两朵,左右次间各有一朵。柱子的制作也颇具匠心,采用以小拼大的办法,在一根较小的木柱周围包镶几根弧形的木枋,使整个柱子呈瓜楞的形状。这种制作方法既省木材,又增加了外表的美观。整个建筑的构件,既没有一味追求繁褥雕饰的华而不实的倾向,又避免了只重实用而忽视造型美观的弊病。此外,还使用了较多的受拉构件,并采用柱头微向内倾的"侧脚"做法,增加了建筑物整体构架的稳定性。保国寺大殿的用材、柱梁、阑额、铺作、举折等许多的做法都可以在《营造法式》中得到印证,也说明了《营造法式》的某些制度做法源自南方,见图b-17至图b-20。

图b-17 保国寺大殿

图b-18　保国寺大殿

图b-19　殿内藻井

图b-20　保国寺大殿内柱

4. 初祖庵大殿

　　初祖庵大殿位于河南省登封少林寺,面阔三间,进深三间六椽,平面近似方形。单檐歇山顶,仅施阑额,未施普拍枋,檐柱有明显的生起。殿内采用彻上明造,梁架为抬梁式,少部分梁栿构件经后人重修时更换。外檐斗拱为五铺作单杪单下昂,重拱计心造,前后檐当心间用补间铺作各两朵,次间用补间铺作各一朵。前后当心间各置版门两扇,正面次间各辟一直棂窗。

　　外檐的八边形石柱表面浅浮雕精美的莲华、宝相华、牡丹华、海石榴华、嫔伽、乐伎舞伎等;内柱浮雕握杵执鞭的武士、游龙、舞凤、飞天盘龙等;在殿墙石护脚的部分采用压地隐起的手法,大片的水浪纹中刻有仙人童子、力士、龙、鱼等。无论是题材的选择、构图的安排,还是雕刻的手法都呈现了极高的艺术水平。大殿内柱上铭刻"……弟子刘善恭仅施此柱一条……大宋宣和七年佛成道日焚香书",可知该殿建于北宋宣和七年(公元1125年)。初祖庵大殿建造的年代与《营造法式》的成书时间,仅晚25年,在地理位置上,登封距宋代京都开封仅百余千米。从构架的做法、雕刻的纹饰内容、材契比例等看,大殿与《营造法式》的规定有许多相同相似之处,也是北方地区最接近《营造法式》的建筑,建筑史学界也因此把该殿视为研究《营造法式》的最好例证,见图b-21至图b-25。

图b-21　初祖庵大殿(杜启明提供)

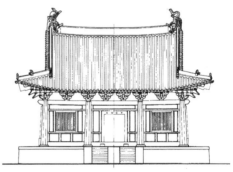

图b-22　初祖庵立面图

图b-23　外檐斗拱

图b-24　内部梁架1

5.苏州玄妙观三清殿

玄妙观三清殿坐落在江苏省苏州市观前街的中段,重建于南宋淳熙六年(公元1179年)。大殿面阔九间共45.64米,各间尺度从心间至梢间尽间递减,进深六间共25.25米,高约27米,重檐歇山顶。虽经历代重修,但仍保存了南宋时期的建筑特征,是国内最大的道观殿堂建筑之一。三清殿的柱子排列规律:内外柱共7列,列10柱,共70柱。外檐采用八角形石柱,殿内多为圆柱。屋顶坡度平缓,出檐较深,斗拱疏朗硕大。殿内砖砌的须弥座为宋代遗物,上供奉着上清、玉清、太清(即太上老君、通天教主、元始天尊)三尊泥塑金身像,姿态凝重,衣裙流转自如,虽然经过后期的重修,仍不失为宋代道教雕塑中的佳品,见图b-26、图b-27。

6.肇庆梅庵大雄宝殿

梅庵位于广东省肇庆市西郊梅庵岗上,是北宋至道二年

图b-25 内部梁架2

图b-26 玄妙观三清殿

图b-27 玄妙观三清殿翼角

（公元996年）僧人智元所建。相传禅宗六祖慧能每到一地都插梅为记，梅庵就是为纪念慧能在岗上插梅而建。梅庵从兴建至今，历经多次重修，现存主要建筑有山门、大雄宝殿和六祖殿，只有大雄宝殿保存了宋代建筑的特征。大殿面阔五间，进深三间，单檐硬山顶，采用厅堂式构架，彻上明造，梁栿都是月梁的形式。大殿斗拱当心间两朵，次间一朵，采用七铺作单杪三下昂，处理较为灵活，具有岭南地方特征。梅庵大雄宝殿在历史文化和木构技术上都有极高的价值，是岭南地区一处十分珍贵的宋代木构建筑。

7. 济渎庙寝宫

济渎庙位于河南省济源市，是为了祭祀"四渎"之一的济水所建的祠庙。寝宫是济渎庙的主体建筑，建于北宋开宝六年（公元973年），历经多代重修。寝宫面阔五间共20.90米，进深三间共8.14米，采用单檐歇山顶，出檐颇深，屋面坡度平缓，斗拱疏朗硕大。檐柱和角柱可见侧脚和生起，外檐柱头铺作与补间铺作均为五铺作双杪，大部分斗拱为宋代原构，制作规整。寝宫的斗拱形制、材栔大小、屋架举折等都显示出宋代早期的建筑特点，是研究宋代建筑的珍贵实例。此外，庙内灵渊阁前的石质勾栏，形制与尺寸都与《营造法式》中记载的单勾栏较为相近，见图b-28。

图b-28 济渎庙寝宫

8.福州华林寺大殿

华林寺位于福州市鼓楼区屏山南麓,创建于北宋乾德二年(964年)。华林寺大殿为该寺正殿,历经多代,修缮次数较多。原构面阔三间,进深四间,平面近似于方形,八架椽前后乳栿用四柱,单檐歇山顶,其构造带有明显的地方特色。大殿斗拱形态硕大,总高为檐柱高的3/4,外檐铺作为七铺作双杪双下昂,耍头做法与下昂一致,昂面上有双枭双混曲线。

9.山西平顺龙门寺大殿

龙门寺位于山西省长治市平顺县的石城镇,寺院坐落在山腰处的平缓坡地上,从寺内碑刻推断始建于北齐,现存五代、宋、金、元、明、清建筑70余间。大殿位于龙门寺的正中心,北宋绍圣五年(公元1098年)建,面阔进深各三间,平面接近方形,单檐九脊顶。外檐只有柱头铺作,为五铺作单杪单下昂,内柱柱头采用四铺作卷头造。大殿柱子的材质有木有石,前檐和四角六根八角方柱都是石质,有较明显收分,也可见生起与侧脚,其余为圆形木柱,内檐只有两柱。大殿整体保留了较多宋代的建筑特征。